"一带一路"生态环保大数据分析报告

——促进"一带一路"生物多样性保护及联合国 2030 年可持续发展议程

生态环境部对外合作与交流中心
生态环境部环境公约履约技术中心
中国-东盟环境保护合作中心　编著
中国-上海合作组织环境保护合作中心
澜沧江-湄公河环境合作中心

U0252079

中国环境出版集团·北京

图书在版编目（CIP）数据

"一带一路"生态环保大数据分析报告：促进"一带一路"生物多样性保护及联合国 2030 年可持续发展议程 / 生态环境部对外合作与交流中心等编著 . —北京：中国环境出版集团，2024.7. -- ISBN 978-7-5111-5912-0

Ⅰ. X171.4

中国国家版本馆 CIP 数据核字第 2024DM0702 号

责任编辑　曲　婷
封面设计　彭　杉

出版发行　中国环境出版集团
　　　　　　（100062　北京市东城区广渠门内大街 16 号）
　　　　　　网　　　址：http://www.cesp.com.cn
　　　　　　电子邮箱：bjgl@cesp.com.cn
　　　　　　联系电话：010-67112765（编辑管理部）
　　　　　　　　　　　010-67112736（第五分社）
　　　　　　发行热线：010-67125803，010-67113405（传真）
印　　刷　北京中科印刷有限公司
经　　销　各地新华书店
版　　次　2024 年 7 月第 1 版
印　　次　2024 年 7 月第 1 次印刷
开　　本　787×1092　1/16
印　　张　8.5
字　　数　122 千字
定　　价　45.00 元

编委会

前　言

作为带动沿线国家经济发展的重大倡议，"一带一路"倡议自 2011 年提出以来已经被国际社会认可为推动落实可持续发展议程的解决方案之一。"一带一路"不仅是经济繁荣之路，也是绿色发展之路。习近平主席多次强调，要着力深化环保合作，践行绿色发展理念，携手打造"绿色丝绸之路"，共同实现2030 年可持续发展目标。建设绿色"一带一路"，是中国推动全球生态文明建设的重要实践，将为沿线国家和地区创造更多的绿色公共产品，符合沿线国家和人民需求，为共同落实联合国 2030 年可持续发展议程提供重要路径。

随着"互联网 +"、大数据、人工智能等新技术的发展，环境信息共建共享成为绿色"一带一路"建设的重要措施。2017 年首届"一带一路"国际合作高峰论坛上倡议设立"生态环保大数据服务平台"（简称大数据平台），并在第二届"一带一路"国际合作高峰论坛上正式启动。大数据平台以大数据技术为支撑，紧紧围绕推进"一带一路"生态环保信息共享、提高绿色"一带一路"建设的科学决策水平、降低投资合作的环境风险三大主要需求，通过数据采集和数据库建设、中英文门户网站和微信公众号建设、综合决策支持等业务系统开发、上海合作组织及中国—东盟环保信息共享等分平台建设，为"一带一路"参与国家、企业及社会公众等提供服务，打造国际化、高层次、专业化的开放平台。

本书基于大数据平台已有的建设成果，对"一带一路"沿线中蒙俄、新亚欧大陆桥、中国—中亚—西亚、中国—中南半岛、中巴和孟中印缅六大经济走廊国家的世界自然保护联盟濒危物种红色名录，植物多样性保护区，生物多样性热点地区，生物多样性关键区域，世界陆地生态区域，高生物多样性荒野区，零灭绝联盟栖息地，鸟类特有种栖息地，原始森林景观这九大类生物多样性指标进行分析，重点分析了特定国别巴基斯坦、泰国的生物多样性保护进展，并对与其开展生物多样性合作提出对策建议。

　　本书主要由生态环境部对外合作与交流中心编制完成，并得到了中科宇图股份有限公司等单位的大力支持，在此深表感谢。"一带一路"大数据平台建设工作还在不断深入，殷切希望各方能积极加入平台建设中，共商、共建、共享，服务好绿色"一带一路"建设。鉴于大数据平台数据建设工作才刚刚开始，仍有许多的工作有待深化和扩展，加之作者的知识和能力有限，书中难免有不妥之处，敬请不吝赐教。

目 录

下篇 "一带一路"特定国别生物多样性保护进展研究

"一带一路"六大经济走廊生物多样性概况

第 1 章　中蒙俄经济走廊

中蒙俄经济走廊 [1], [2]是中国国家主席习近平于 2014 年 9 月 11 日出席中国、俄罗斯、蒙古国三国元首会晤时提出的将"丝绸之路经济带"同俄罗斯"跨欧亚大铁路"、蒙古国"草原之路"倡议进行对接的合作方式。"中蒙俄经济走廊"途经中国、蒙古国和俄罗斯的陆域范围，自然环境复杂多样，生态环境较为脆弱，生态环境要素变动频繁。中国地势西高东低，复杂多样，地势自西向东构成三级阶梯。俄罗斯地形以平原和高原为主。地势南高北低，西低东高。蒙古国地势自西向东逐渐降低，平均海拔 1 580 m。本章根据数据情况，从物种多样性和生态系统多样性等方面对中国、蒙古国和俄罗斯的生物多样性情况分别进行分析。

1.1　世界自然保护联盟濒危物种红色名录

1.1.1　鸟类

中蒙俄经济走廊地区的 IUCN 红色名录（鸟类）分布区面积较广，覆盖了除青藏高原、蒙古戈壁和西伯利亚高原外的几乎所有地区。中国设立了 40 个 IUCN 红色名录（鸟类）分布区，是所有"一带一路"国家中最多的；俄罗斯设立了 15 个；蒙古国设立了 3 个。中蒙俄经济走廊地区的 IUCN 红色名录（鸟类）物种包含青头潜鸭、细纹苇莺、赤胸木虱，等等。

---

[1]　本书中中国数据均在第一章统计，后续章节不再包含中国数据。

[2]　如有一国以该国境内省份或自治区命名的保护区延伸至他国境内，而另一国没有特定名称，则以命名国家省份名称同时计入未命名国家。

表 1.1.1　中蒙俄经济走廊地区世界自然保护联盟濒危物种红色名录（鸟类）概况

国家	陆地总面积 /km²	濒危物种红色名录 （鸟类）分布区面积 /km²	分布区面积占比 /%	分布区数量 / 个
中国	9 600 000	6 150 838.87	64.07	40
蒙古国	1 566 500	455 757.34	29.09	3
俄罗斯	17 098 200	6 456 991	37.76	15

1.1.2　非鸟类

与鸟类不同，IUCN 红色名录（非鸟类）分布区不受高原和戈壁等地形的限制，分布区域比鸟类更广，中国南方、蒙古国全境内以及俄罗斯欧洲部分几乎全部处于红色名录分布区中。中国设立了 255 个 IUCN 红色名录（非鸟类）分布区，俄罗斯设立了 31 个，蒙古国设立了 5 个。中蒙俄经济走廊地区的 IUCN 红色名录（非鸟类）物种包含扬子鳄、长柄石首鱼、多变鱼腥藻，等等。

表 1.1.2　中蒙俄经济走廊地区世界自然保护联盟濒危物种红色名录（非鸟类）概况

国家	陆地总面积 /km²	濒危物种红色名录 （非鸟类）分布区面积 /km²	分布区面积占比 /%	分布区数量 / 个
中国	9 600 000	4 685 183.3	48.80	255
蒙古国	1 566 500	1 013 273.04	64.68	5
俄罗斯	17 098 200	4 978 319	29.12	31

1.2　植物多样性保护区

中国、蒙古国和俄罗斯的植物多样性保护区面积占比较低，分别为 2.76%、0.09% 和 8.52%，其中，中国设立了 15 个植物多样性保护区，俄罗斯设立了 5 个，蒙古国仅设立了 1 个。蒙古国唯一的植物多样性保护区是与中国新疆和俄罗斯西伯利亚南部山脉接壤的阿尔泰—萨彦生态区，该地区绝大部分位于俄罗斯境内，在中国和蒙古国境内的部分面积较小。中国植物多样性保护区分布零散，以长白山地区、西双版纳地区、南岭山脉和海南岛最具代表性。俄罗斯植物多样性保护区主要分布在东部亚洲沿海地带，如滨海省和楚科奇半岛等地区。

表 1.2.1 中蒙俄经济走廊地区植物多样性保护区概况

国家	陆地总面积 /km²	植物多样性保护区面积 /km²	植物多样性保护区面积占比 /%	植物多样性保护区数量 / 个
中国	9 600 000	264 996.32	2.76	15
蒙古国	1 566 500	1 467.19	0.09	1
俄罗斯	17 098 200	1 456 096.27	8.52	5

表 1.2.2 中蒙俄经济走廊地区植物多样性保护区名称

国家	植物多样性保护区名称
中国	阿尔泰—萨彦生态区（Altai-Sayan）
	长白山地区（Changbai Mountain region）
	高黎贡山、怒江、碧洛雪山（Gaoligong Mt, Nu Jiang River and Biluo Snow Mts）
	横断山、岷江（Hengduan Mts, Min Jiang）
	垦丁国家公园（Kenting National Park）
	石灰岩地区（Limestone region）
	中亚山脉（Mountains of Middle Asia）
	南达帕国家公园（Namdapha）
	楠达德维山（Nanda Devi）
	南岭山脉（Nanling Mountain Range）
	缅甸北部（North Myanma）
	滨海省（Primorye）
	秦岭太白山地区（Taibai Mountain region of Qinling Mountains）
	海南岛热带森林（Tropical forests of Hainan Island）
	西双版纳地区（Xishuangbanna region）
蒙古国	阿尔泰—萨彦生态区（Altai-Sayan）
俄罗斯	阿尔泰—萨彦生态区（Altai-Sayan）
	高加索（Caucasus）
	楚科奇半岛（Chukotskiy Peninsula）
	滨海省（Primorye）
	南克里米亚山脉和新罗西亚（South Crimean Mountains and Novorossia）

1.3　生物多样性热点地区

中国、蒙古国和俄罗斯共设立了 5 个生物多样性热点地区,其中,中国设立了 4 个,分别为喜马拉雅山脉、亚次大陆、中亚山脉和西南山区;俄罗斯将黑海与里海之间的高加索山脉设立为生物多样性热点地区;蒙古国没有设立。

表 1.3.1　中蒙俄经济走廊地区生物多样性热点地区概况

国家	陆地总面积 /km²	生物多样性热点地区面积 /km²	生物多样性热点地区面积占比 /%	生物多样性热点地区数量 / 个
中国	9 600 000	1 028 785.82	10.72	4
蒙古国	1 566 500	0	0	0
俄罗斯	17 098 200	271 395.6	1.59	1

表 1.3.2　中蒙俄经济走廊地区生物多样性热点地区名称

国家	生物多样性热点地区名称
中国	喜马拉雅山脉（Himalaya）
	亚次大陆（Indo-Burma）
	中亚山脉（Mountains of Central Asia）
	中国西南山区（Mountains of Southwest China）
俄罗斯	高加索（Caucasus）

1.4　生物多样性关键区域

中国、蒙古国和俄罗斯的生物多样性关键区域是六大经济走廊中最多的。中国设立了 675 个,蒙古国设立了 80 个,俄罗斯设立了 851 个。早在 2002 年,中国就提出要对横断山南段,岷山—横断山北段,新疆、青海、西藏交界高原山地,云南西双版纳地区等 17 个拥有独特丰富物种、具有全球保护意义的生物多样性关键地区实施优先保护,包括建立自然保护区、防止经济开发造成污染等。目前中国已详细划分了 675 个生物多样性关键区域,从东北的长白山自然

保护区到西北的敦煌自然保护区与西祁连山，从东南的福建武夷山自然保护区
到西南的德宏傣族景颇族自治州，因地制宜开展保护。

表 1.4　中蒙俄经济走廊地区生物多样性关键区域概况

国家	陆地总面积 /km²	生物多样性关键区域面积 /km²	生物多样性关键区域面积占比 /%	生物多样性关键区域数量 / 个
中国	9 600 000	1 071 814.09	11.16	675
蒙古国	1 566 500	81 670.01	5.21	80
俄罗斯	17 098 200	1 199 535.38	7.02	851

1.5　世界陆地生态区域

中国、蒙古国和俄罗斯的陆地生态区域占比均在 97% 以上，与各国国土面积大致相当。中国以 62 处位居第一，包括阿拉善高原半荒漠、长白山混交林、长江平原常绿阔叶林及次生林、达乌里亚森林草原、喀喇昆仑高原西部高山草原、帕米尔高山沙漠和冻原等不同地区的多种地貌。蒙古国则以草原和荒漠为主，包括戈壁湖谷荒漠草原、大湖盆地沙漠、萨彦山间草原、准噶尔盆地半荒漠、阿拉善高原半荒漠等 17 处区域。俄罗斯的陆地生态区域多样且丰富，共有 52 处，其生态区域涵盖了广阔的地理范围，主要包括西伯利亚针叶林、远东混交林、俄罗斯北极冻原、欧洲部分的广阔草原和森林、乌拉尔山脉周边的森林草原带，以及东部的远东苔原和高山草原，典型的区域有西伯利亚针叶林、远东混交林、乌拉尔山脉森林草原、俄罗斯北极冻原、远东苔原等。

表 1.5　中蒙俄经济走廊地区陆地生态区域概况

国家	陆地总面积 /km²	陆地生态区域面积 /km²	陆地生态区域面积占比 /%	陆地生态区域数量 / 个
中国	9 600 000	9 389 452.23	97.81	62
蒙古国	1 566 500	1 561 263.63	99.67	17
俄罗斯	17 098 200	16 914 451	98.93	52

1.6　高生物多样性荒野区

中国、蒙古国和俄罗斯没有设立高生物多样性荒野区。

表 1.6　中蒙俄经济走廊地区高生物多样性荒野区概况

国家	陆地总面积 /km^2	高生物多样性荒野区面积 /km^2	高生物多样性荒野区面积占比 /%	高生物多样性荒野区数量 / 个
中国	9 600 000	0	0	0
蒙古国	1 566 500	0	0	0
俄罗斯	17 098 200	0	0	0

1.7　零灭绝联盟栖息地

中蒙俄经济走廊地区只有中国设立了 25 个零灭绝联盟栖息地，零灭绝联盟栖息地在中国境内分布广泛：从地处西北宁夏的贺兰山自然保护区到西南边陲的广西大瑶山国家级自然保护区都属于零灭绝联盟栖息地。蒙古国和俄罗斯两国没有零灭绝联盟栖息地分布。

表 1.7.1　中蒙俄经济走廊地区零灭绝联盟栖息地概况

国家	陆地总面积 /km^2	零灭绝联盟栖息地面积 /km^2	零灭绝联盟栖息地面积占比 /%	零灭绝联盟栖息地数量 / 个
中国	9 600 000	25 785.70	0.27	25
蒙古国	1 566 500	0	0	0
俄罗斯	17 098 200	0	0	0

表 1.7.2　中蒙俄经济走廊地区零灭绝联盟栖息地名称

国家	零灭绝联盟栖息地名称
中国	安徽扬子鳄国家级自然保护区（Anhui Chinese Alligator National Nature Reserve）
	白村（Baicun）

国家	零灭绝联盟栖息地名称
中国	巴特岱山（Bat Dai Son）
	霸王岭（Bawangling）
	大巴山自然保护区（Daba Shan Nature Reserve）
	大瑶山自然保护区（Dayao Shan Nature Reserve）
	峨眉山（Emei Shan）
	梵净山自然保护区（Fanjing Shan Nature Reserve）
	凤阳山百山祖自然保护区（Fengyang Shan-Baishanzu Nature Reserve）
	贺兰山自然保护区（Helan Shan Nature Reserve）
	雷公山自然保护区（Leigong Shan Nature Reserve）
	龙王山自然保护区（Longwangshan Nature Reserve）
	马鞍山（Ma'an Shan）
	派阳山（Paiyangshan）
	鄱阳湖湿地（Poyang Hu wetlands）
	越西县普雄（Puxiong in Yuexi County）
	瑞岩寺（Ruiyansi）
	昆明东南（SE of Kunming）
	沙坡头自然保护区（Shapotou Nature Reserve）
	重庆县（Trung Khanh）
	婺源森林（Wuyuan Forest）
	旬阳坝（Xunyangba）
	杨县及周边地区（Yang Xian and neighbouring area）
	瑶山自然保护区（Yaoshan Nature Reserve）
	元宝山自然保护区（Yuanbao Shan Nature Reserve）

1.8　鸟类特有种栖息地

在中蒙俄经济走廊地区，中国设立了 14 个鸟类特有种栖息地，总面积达 1 800 331.64 km²，占全国面积的 18.75%，包括喜马拉雅山脉中部、川西山脉、云南山脉、台湾岛、海南岛等地区。俄罗斯将高加索设立为鸟类特有种栖息地，蒙古国并未设立鸟类特有种栖息地。

表 1.8.1　中蒙俄经济走廊地区鸟类特有种栖息地概况

国家	陆地总面积 /km²	鸟类特有种栖息地面积 /km²	鸟类特有种栖息地面积占比 /%	鸟类特有种栖息地数量 /个
中国	9 600 000	1 800 331.64	18.75	14
蒙古国	1 566 500	0	0	0
俄罗斯	17 098 200	44 877.23	0.26	1

表 1.8.2　中蒙俄经济走廊地区鸟类特有种栖息地名称

国家	鸟类特有种栖息地名称
中国	喜马拉雅山脉中部（Central Himalayas）
	川中山区（Central Sichuan mountains）
	中国亚热带森林（Chinese subtropical forest）
	喜马拉雅山脉东部（Eastern Himalayas）
	西藏东部（Eastern Xizang）
	海南岛（Hainan）
	青海山脉（Qinghai mountains）
	山西山脉（Shanxi mountains）
	中国东南部山区（South-east Chinese mountains）
	西藏南部（Southern Xizang）
	台湾岛（Taiwan）
	塔克拉玛干沙漠（Taklimakan Desert）
	川西山脉（West Sichuan mountains）
	云南山脉（Yunnan mountains）
俄罗斯	高加索（Caucasus）

1.9　原始森林景观

俄罗斯拥有 540 处原始森林景观，是"一带一路"六大经济走廊中数量最多的国家，覆盖了从欧洲部分地区到西伯利亚地区到堪察加半岛的广大地区，总面积超过 250 万 km²，约占全国面积的 15%。中国拥有 42 处原始森林景观，大多数位于西南边陲与缅甸等国家接壤以及东北地区与俄罗斯交界一带，占全国面积的 0.41%。蒙古国有 10 处原始森林景观，全部位于与俄罗斯交界地带。

表 1.9　中蒙俄经济走廊地区原始森林景观概况

国家	陆地总面积 /km²	原始森林景观面积 /km²	原始森林景观面积占比 /%	原始森林景观数量 / 个
中国	9 600 000	39 778.36	0.41	42
蒙古国	1 566 500	10 307.11	0.66	10
俄罗斯	17 098 200	2 564 728.88	15.00	540

第 2 章　新亚欧大陆桥沿途地区

新亚欧大陆桥由地处太平洋西岸的中国连云港开始，经陇海铁路、兰新铁路向西延伸，在中国西部边境阿拉山口与哈萨克斯坦的德鲁日巴站接轨，从而构成了沿当年亚欧商贸往来的"丝绸之路"，经亚洲、欧洲诸国直到大西洋的另一条陆上通道，沿途经过中国、哈萨克斯坦、俄罗斯、白俄罗斯、德国、荷兰和波兰 7 个国家，这一区域荒漠零星分布、降水稀少、水资源短缺、生态系统脆弱，走廊沿线多处分布自然保护区。本章根据数据情况，从物种多样性和生态系统多样性等方面对该地区部分国家的生物多样性情况分别进行分析（哈萨克斯坦由于与乌兹别克斯坦、土库曼斯坦、塔吉克斯坦和吉尔吉斯斯坦等国家的地貌环境更加相似，故放在第三章"中国—中亚—西亚经济走廊地区"进行分析）。

2.1　世界自然保护联盟濒危物种红色名录

2.1.1　鸟类

新亚欧大陆桥沿线国家中除中国和俄罗斯外只有德国设立了 1 处濒危物种红色名录（鸟类）分布区，分布区的鸟类以地中海䴎（hù）为主。

表 2.1.1　新亚欧大陆桥沿途地区世界自然保护联盟濒危物种红色名录（鸟类）概况

国家	陆地总面积 /km²	濒危物种红色名录 （鸟类）分布区面积 /km²	分布区面积占比 /%	分布区数量 / 个
白俄罗斯	207 600	0	0	0
德国	358 000	629.39	0.18	1
荷兰	41 528	0	0	0
波兰	312 705	0	0	0

2.1.2 非鸟类

新亚欧大陆桥沿线国家几乎全境都处于濒危物种红色名录（非鸟类）分布区覆盖范围内，共划分了 55 个非鸟类分布区。这一地区分布的物种包括闪光鲟、貉藻、欧洲野牛、欧洲鳇、欧洲水貂，等等。

表 2.1.2　新亚欧大陆桥沿途地区世界自然保护联盟濒危物种红色名录（非鸟类）概况

国家	陆地总面积 /km^2	濒危物种红色名录（非鸟类）分布区面积 /km^2	分布区面积占比 /%	分布区数量 / 个
白俄罗斯	207 600	206 810.20	99.62	6
德国	358 000	356 535.72	99.59	39
荷兰	41 528	0	0	0
波兰	312 705	311 719.10	99.68	10

2.2　植物多样性保护区

新亚欧大陆桥沿线国家中德国将其南部地区大约 4.8 万 km^2 的阿尔卑斯山脉设立为植物多样性保护区，阿尔卑斯山在德国境内的面积约占全国面积的 13.46%。

表 2.2.1　新亚欧大陆桥沿途地区植物多样性保护区概况

国家	陆地总面积 /km^2	植物多样性保护区面积 /km^2	植物多样性保护区面积占比 /%	植物多样性保护区数量 / 个
白俄罗斯	207 600	0	0	0
德国	358 000	48 143.04	13.45	1
荷兰	41 528	0	0	0
波兰	312 705	0	0	0

表 2.2.2　新亚欧大陆桥沿途地区植物多样性保护区名称

国家	植物多样性保护区名称
德国	阿尔卑斯山脉（Alps）

2.3 生物多样性热点地区

新亚欧大陆桥沿线国家并未设立生物多样性热点地区。

表 2.3 新亚欧大陆桥沿途地区生物多样性热点地区概况

国家	陆地总面积 /km²	生物多样性热点地区面积 /km²	生物多样性热点地区面积占比 /%	生物多样性热点地区数量 / 个
白俄罗斯	207 600	0	0	0
德国	358 000	0	0	0
荷兰	41 528	0	0	0
波兰	312 705	0	0	0

2.4 生物多样性关键区域

新亚欧大陆桥沿线国家生物多样性关键区域分布较为零散，其中，德国的面积虽然只有 35 万 km²，但是其设立了 561 处生物多样性关键区域，其中大部分分布在多瑙河和莱茵河沿岸。波兰设立了 195 处，白俄罗斯设立了 71 处。波兰以森林、河谷和沼泽为主，白俄罗斯则以湖泊、平原和漫滩为主。

表 2.4 新亚欧大陆桥沿途地区生物多样性关键区域概况

国家	陆地总面积 /km²	生物多样性关键区域面积 /km²	生物多样性关键区域面积占比 /%	生物多样性关键区域数量 / 个
白俄罗斯	207 600	13 775.89	6.64	71
德国	358 000	56 127.02	15.68	561
荷兰	41 528	0	0	0
波兰	312 705	52 960.88	16.94	195

2.5　世界陆地生态区域

新亚欧大陆桥沿线国家陆地生态区域以森林为主，主要包括中欧混交林、沙质混交林、波罗的海温带混交林、喀尔巴阡山地森林、西欧阔叶林、阿尔卑斯针叶混交林和大西洋混交林 7 种森林。白俄罗斯和波兰由于都地处欧洲中部，因此中欧混交林横跨两国；波兰由于位于北纬 40°～60°，靠近波罗的海，因此波罗的海温带混交林分布在这里。德国由于地处阿尔卑斯山脉，距离大西洋也相对较近，因此阿尔卑斯针叶混交林和大西洋混交林两种森林为德国独有。荷兰的陆地生态区域面积为 34 000 km^2，约占总面积的 81.8%。这些陆地生态区域涵盖了荷兰大部分自然景观，包括广阔的湿地、森林和农业用地。

表 2.5.1　新亚欧大陆桥沿途地区陆地生态区域概况

国家	陆地总面积 /km^2	陆地生态区域 面积 /km^2	陆地生态区域 面积占比 /%	陆地生态区域 数量 / 个
白俄罗斯	207 600	206 787.20	99.61	2
德国	358 000	354 788.07	99.10	5
荷兰	41 528	34 000.00	81.80	5
波兰	312 705	312 256.60	99.86	4

表 2.5.2　新亚欧大陆桥沿途地区陆地生态区域名称

国家	陆地生态区域名称
白俄罗斯	中欧混交林（Central European mixed forests）
	萨尔马提克混合森林（Sarmatic mixed forests）
波兰	波罗的海温带混交林（Baltic mixed forests）
	喀尔巴阡山山地森林（Carpathian montane forests）
	中欧混交林（Central European mixed forests）
	西欧阔叶林（Western European broadleaf forests）
德国	北德平原（Norddeutsches Tiefland）
	中部山地（Mittelgebirge）

续表

国家	陆地生态区域名称
德国	南德高地（Süddeutsches Bergland）
	阿尔卑斯地区（Alpenregion）
	莱茵地区（Rheingebiet）
荷兰	北荷兰低地（Noord-Hollandse Laagvlakte）
	弗里斯兰（Friesland）
	莱茵—马斯三角洲（Rijn-Maasdelta）
	海尔德兰谷地（Geldersche Vallei）
	南荷兰低地（Zuid-Hollandse Laagvlakte）

2.6 高生物多样性荒野区

新亚欧大陆桥沿线国家并未设立高生物多样性荒野区。

表 2.6 新亚欧大陆桥沿途地区高生物多样性荒野区概况

国家	陆地总面积 /km²	高生物多样性荒野区面积 /km²	高生物多样性荒野区面积占比 /%	高生物多样性荒野区数量 / 个
白俄罗斯	207 600	0	0	0
德国	358 000	0	0	0
荷兰	41 528	0	0	0
波兰	312 705	0	0	0

2.7 零灭绝联盟栖息地

德国将罗凡山脉设立为零灭绝联盟栖息地。罗凡山脉在地理上属于勃兰登堡阿尔卑斯山脉的一部分，海拔最高的为霍奇斯峰，达到 2 299 m。罗凡山脉大部分位于奥地利境内，是奥地利的著名景区，在德国部分的面积只有 16.29 km²。罗凡山脉常见的植物有高山玫瑰、雪绒花、兰花、棉花草等，动物有土拨鼠、黑松鸡、麇子、狍子等。

表 2.7.1　新亚欧大陆桥沿途地区零灭绝联盟栖息地概况

国家	陆地总面积 /km²	零灭绝联盟栖息地面积 /km²	零灭绝联盟栖息地面积占比 /%	零灭绝联盟栖息地数量 / 个
白俄罗斯	207 600	0	0	0
德国	358 000	16.29	0.004 6	1
荷兰	41 528	0	0	0
波兰	312 705	0	0	0

表 2.7.2　新亚欧大陆桥沿途地区零灭绝联盟栖息地名称

国家	零灭绝联盟栖息地名称
德国	罗凡山脉（Rofan Mountain）

2.8　鸟类特有种栖息地

白俄罗斯、德国、荷兰、波兰并未设立鸟类特有种栖息地。

表 2.8　新亚欧大陆桥沿途地区鸟类特有种栖息地概况

国家	陆地总面积 /km²	鸟类特有种栖息地面积 /km²	鸟类特有种栖息地面积占比 /%	鸟类特有种栖息地数量 / 个
白俄罗斯	207 600	0	0	0
德国	358 000	0	0	0
荷兰	41 528	0	0	0
波兰	312 705	0	0	0

2.9　原始森林景观

白俄罗斯、德国、荷兰、波兰并无原始森林景观。

表 2.9 新亚欧大陆桥沿途地区原始森林景观概况

国家	陆地总面积 /km^2	原始森林景观面积 /km^2	原始森林景观面积占比 /%	原始森林景观数量 / 个
白俄罗斯	207 600	0	0	0
德国	358 000	0	0	0
荷兰	41 528	0	0	0
波兰	312 705	0	0	0

第3章　中国—中亚—西亚经济走廊地区

"中国—中亚—西亚经济走廊"自中国新疆乌鲁木齐出发纵贯中亚的哈萨克斯坦、吉尔吉斯斯坦、乌兹别克斯坦和土库曼斯坦，穿过伊朗直达土耳其伊斯坦布尔，该地区地形主要以荒漠和山地、高原为主。本章根据数据情况，从物种多样性和生态系统多样性等方面对该地区部分国家的生物多样性情况分别进行分析。

3.1　世界自然保护联盟濒危物种红色名录

3.1.1　鸟类

伊朗和土耳其拥有的濒危物种红色名录（鸟类）分布区的数量较少、占比较低。伊朗的分布区分布在里海南岸和阿曼湾沿岸一带，土耳其的分布区则集中在与叙利亚毗邻的南部地区。其中分布在土耳其的濒危物种红色名录（鸟类）以生活在半沙漠状态的荒漠及岩石环境的隐鹮最为知名。

表 3.1.1　中国—中亚—西亚经济走廊地区世界自然保护联盟濒危物种红色名录（鸟类）概况

国家	陆地总面积 / km²	濒危物种红色名录（鸟类）分布区面积 /km²	分布区面积占比 /%	分布区数量 / 个
哈萨克斯坦	2 724 900	0	0	0
乌兹别克斯坦	448 900	0	0	0
土库曼斯坦	491 210	0	0	0
塔吉克斯坦	143 100	0	0	0
吉尔吉斯斯坦	199 951	0	0	0

国家	陆地总面积 / km²	濒危物种红色名录（鸟类）分布区面积 /km²	分布区面积占比 /%	分布区数量 / 个
伊朗	1 645 000	79 018.63	4.80	4
土耳其	783 600	21 916.88	2.80	1

表 3.1.2　中国—中亚—西亚经济走廊地区世界自然保护联盟濒危物种红色名录（鸟类）分布

国家	濒危物种红色名录（鸟类）分布
伊朗	灰头苇莺（Acrocephalus griseldis）
	印度秃鹫（Gyps bengalensis）
	白额雁（Leucogeranus leucogeranus）
	细嘴长根鹬（Numenius tenuirostris）
土耳其	隐鹮（Geronticus eremita）

3.1.2　非鸟类

中国—中亚—西亚经济走廊地区所有国家都拥有濒危物种红色名录（非鸟类）分布区，其中哈萨克斯坦总面积最大，超过了 80 万 km²；土耳其设立了 126 个分布区，是中国—中亚—西亚经济走廊地区最多的国家，总面积占比超过全国面积的 60%。这一地区的物种包括极具地方特色的波斯鲟、里海鼠、西伯利亚蛙等等。

表 3.1.3　中国—中亚—西亚经济走廊地区世界自然保护联盟濒危物种红色名录（非鸟类）概况

国家	陆地总面积 / km²	濒危物种红色名录（非鸟类）分布区面积 /km²	分布区面积占比 /%	分布区数量 / 个
哈萨克斯坦	2 724 900	873 649.50	32.06	14
乌兹别克斯坦	448 900	101 977.50	22.72	9
土库曼斯坦	491 210	137 372.50	27.97	12
塔吉克斯坦	143 100	37 962.59	26.53	4
吉尔吉斯斯坦	199 951	5 160.23	2.58	4

国家	陆地总面积 / km^2	濒危物种红色名录（非鸟类）分布区面积 /km^2	分布区面积占比 /%	分布区数量 / 个
伊朗	1 645 000	215 831.83	13.12	28
土耳其	783 600	483 938.10	61.76	126

3.2 植物多样性保护区

在中国—中亚—西亚经济走廊地区国家中，乌兹别克斯坦、土库曼斯坦、塔吉克斯坦和吉尔吉斯斯坦四国分别只有 1 处植物多样性保护区，即中亚山脉保护区。该保护区在四国的面积总和达到 48 万 km^2，塔吉克斯坦和吉尔吉斯斯坦几乎全境都位于其覆盖范围之内。此外，中亚山脉保护区还横跨哈萨克斯坦和伊朗两国。中亚山脉拥有中亚山柳菊（*Hieracium asiaticum*）、野生郁金香等多种珍贵植物。哈萨克斯坦与中国接壤，因此与中国共享阿尔泰—萨彦保护区，高加索保护区则横跨伊朗和土耳其两国。

表 3.2.1   中国—中亚—西亚经济走廊地区植物多样性保护区概况

国家	陆地总面积 / km^2	植物多样性保护区面积 /km^2	植物多样性保护区面积占比 /%	植物多样性保护区数量 / 个
哈萨克斯坦	2 724 900	205 060.68	7.53	2
乌兹别克斯坦	448 900	79 542.49	17.72	1
土库曼斯坦	491 210	59 354.30	12.08	1
塔吉克斯坦	143 100	141 218.70	98.69	1
吉尔吉斯斯坦	199 951	198 496.34	99.27	1
伊朗	1 645 000	157 656.77	9.58	5
土耳其	783 600	330 268.59	42.15	7

表 3.2.2　中国—中亚—西亚经济走廊地区植物多样性保护区名称

国家	植物多样性保护区名称
哈萨克斯坦	阿尔泰—萨彦生态区（Altai-Sayan）
	中亚山脉（Mountains of Middle Asia）
乌兹别克斯坦	中亚山脉（Mountains of Middle Asia）
土库曼斯坦	中亚山脉（Mountains of Middle Asia）
塔吉克斯坦	中亚山脉（Mountains of Middle Asia）
吉尔吉斯斯坦	中亚山脉（Mountains of Middle Asia）
伊朗	高加索（Caucasus）
	赫尔坎森林（Hyrcanian forests）
	中亚山脉（Mountains of Middle Asia）
	土耳其东南部、伊朗西北部和伊拉克北部山脉（Mountains of SE Turkey, NW Iran and Northern Iraq）
	图兰生物圈保护区（Touran Protected Area Biosphere Reserve）
土耳其	反陶鲁斯山脉和上幼发拉底河（Anti-Taurus Mountains and Upper Euphrates）
	高加索（Caucasus）
	伊萨乌里亚、利卡尼亚和基利基亚陶鲁斯山脉（Isaurian, Lycaonian and Cilician Taurus）
	土耳其东南部、伊朗西北部和伊拉克北部山脉（Mountains of SE Turkey, NW Iran and Northern Iraq）
	东北安纳托利亚（Northeast Anatolia）
	西南安纳托利亚（South-west Anatolia）
	黎凡特高原（The Levantine Uplands）

3.3　生物多样性热点地区

在中国—中亚—西亚经济走廊地区国家中，哈萨克斯坦、乌兹别克斯坦、土库曼斯坦、塔吉克斯坦和吉尔吉斯斯坦五国共享中亚山脉保护区，土库曼斯坦由于和伊朗接壤而与其共享安纳托利亚高原保护区，伊朗由于和土耳其接壤而与其共享高加索保护区。土耳其毗邻地中海，因此将地中海盆地设立为生物多样性热点地区。地中海盆地属于典型的地中海气候，冬季温和多雨，夏季炎热干燥。这里是 22 500 种特有的维管植物物种的发源地，拥有颇具特色的地中海型森林、林地和灌木，然而，这里的生物多样性形势也较为严峻。据统计，总面积为 2 085 292 km^2 的地中海盆地中只有 98 009 km^2 尚未受到干扰。

表 3.3.1　中国—中亚—西亚经济走廊地区生物多样性热点地区概况

国家	陆地总面积 / km^2	生物多样性热点地区面积 /km^2	生物多样性热点地区面积占比 /%	生物多样性热点地区数量 / 个
哈萨克斯坦	2 724 900	154 182.65	5.66	1
乌兹别克斯坦	448 900	109 818.46	24.46	1
土库曼斯坦	491 210	32 649.12	6.65	2
塔吉克斯坦	143 100	137 596.04	96.15	1
吉尔吉斯斯坦	199 951	196 022.13	98.04	1
伊朗	1 645 000	552 704.40	33.60	2
土耳其	783 600	611 139.40	77.99	3

表 3.3.2　中国—中亚—西亚经济走廊地区生物多样性热点地区名称

国家	生物多样性热点地区名称
哈萨克斯坦	中亚山脉（Mountains of Central Asia）
乌兹别克斯坦	中亚山脉（Mountains of Central Asia）
土库曼斯坦	伊朗—安纳托利亚（Irano-Anatolian）
	中亚山脉（Mountains of Central Asia）
塔吉克斯坦	中亚山脉（Mountains of Central Asia）
吉尔吉斯斯坦	中亚山脉（Mountains of Central Asia）
伊朗	高加索（Caucasus）
	伊朗—安纳托利亚（Irano-Anatolian）
土耳其	高加索（Caucasus）
	伊朗—安纳托利亚（Irano-Anatolian）
	地中海盆地（Mediterranean Basin）

3.4 生物多样性关键区域

中国—中亚—西亚经济走廊地区各国分别在各自国内不同地区设立了多个生物多样性关键区域，其中以土耳其设立了 272 个为最多，其面积占比达到全国的 18.76%；其他国家的生物多样性关键区域占比均不到 10%。

表 3.4 中国—中亚—西亚经济走廊地区生物多样性关键区域概况

国家	陆地总面积 / km²	生物多样性关键区域面积 /km²	生物多样性关键区域面积占比 /%	生物多样性关键区域数量 / 个
哈萨克斯坦	2 724 900	148 351.70	5.44	147
乌兹别克斯坦	448 900	29 033.09	6.47	63
土库曼斯坦	491 210	30 276.36	6.16	56
塔吉克斯坦	143 100	13 443.63	9.39	27
吉尔吉斯斯坦	199 951	6 451.41	3.23	14
伊朗	1 645 000	98 254.17	5.97	130
土耳其	783 600	147 038.50	18.76	272

3.5 世界陆地生态区域

中国—中亚—西亚经济走廊地区以内陆国家为主，陆地生态区域面积占比较高，包括沙漠、林地、草原、高地和湖泊等几大类，陆地生态区域数量与国土面积成正比。

表 3.5 中国—中亚—西亚经济走廊地区陆地生态区域概况

国家	陆地总面积 /km²	陆地生态区域面积 /km²	陆地生态区域面积占比 /%	陆地生态区域数量 / 个
哈萨克斯坦	2 724 900	2 724 900.00	100.00	20
乌兹别克斯坦	448 900	447 420.00	99.67	9

国家	陆地总面积 /km²	陆地生态区域面积 /km²	陆地生态区域面积占比 /%	陆地生态区域数量 / 个
土库曼斯坦	491 210	491 154.00	99.99	9
塔吉克斯坦	143 100	143 092.30	99.99	7
吉尔吉斯斯坦	199 951	199 951.00	100.00	9
伊朗	1 645 000	1 642 217.93	99.83	19
土耳其	783 600	773 309.24	98.69	14

3.6 高生物多样性荒野区

中国—中亚—西亚经济走廊地区国家并未设立高生物多样性荒野区。

表 3.6 中国—中亚—西亚经济走廊地区高生物多样性荒野区概况

国家	陆地总面积 / km²	高生物多样性荒野区面积 /km²	高生物多样性荒野区面积占比 /%	高生物多样性荒野区数量 / 个
哈萨克斯坦	2 724 900	0	0	0
乌兹别克斯坦	448 900	0	0	0
土库曼斯坦	491 210	0	0	0
塔吉克斯坦	143 100	0	0	0
吉尔吉斯斯坦	199 951	0	0	0
伊朗	1 645 000	0	0	0
土耳其	783 600	0	0	0

3.7 零灭绝联盟栖息地

中国—中亚—西亚经济走廊地区只有土耳其设立了 4 处零灭绝联盟栖息地。它们分别是古鲁克山、撒丁山脉、塔塔利山和特摩索斯地区。

表 3.7.1　中国—中亚—西亚经济走廊地区零灭绝联盟栖息地概况

国家	陆地总面积 / km²	零灭绝联盟栖息地 面积 /km²	零灭绝联盟栖息地 面积占比 /%	零灭绝联盟栖息地 数量 / 个
哈萨克斯坦	2 724 900	0	0	0
乌兹别克斯坦	448 900	0	0	0
土库曼斯坦	491 210	0	0	0
塔吉克斯坦	143 100	0	0	0
吉尔吉斯斯坦	199 951	0	0	0
伊朗	1 645 000	0	0	0
土耳其	783 600	1 466.15	0.19	4

表 3.7.2　中国—中亚—西亚经济走廊地区零灭绝联盟栖息地名称

国家	零灭绝联盟栖息地名称
土耳其	古鲁克山（Güllük Dağı）
	撒丁山脉（Saricinar Dağları）
	塔塔利山（Tahtalı Dağları）
	特摩索斯地区（Termessos）

3.8　鸟类特有种栖息地

中国—中亚—西亚经济走廊地区国家中只有伊朗和土耳其两国设立了鸟类特有种栖息地，高加索山脉横跨两国，伊朗由于地处两河流域地区，因此将美索不达米亚沼泽设立为鸟类特有种栖息地，但这两处栖息地面积在两国领土面积中占比都相对较低。

表 3.8.1　中国—中亚—西亚经济走廊地区鸟类特有种栖息地概况

国家	陆地总面积 / km²	鸟类特有种栖息地 面积 /km²	鸟类特有种栖息地 面积占比 /%	鸟类特有种栖息地 数量 / 个
哈萨克斯坦	2 724 900	0	0	0
乌兹别克斯坦	448 900	0	0	0

续表

国家	陆地总面积 / km²	鸟类特有种栖息地面积 /km²	鸟类特有种栖息地面积占比 /%	鸟类特有种栖息地数量 / 个
土库曼斯坦	491 210	0	0	0
塔吉克斯坦	143 100	0	0	0
吉尔吉斯斯坦	199 951	0	0	0
伊朗	1 645 000	25 719.97	1.56	2
土耳其	783 600	26 913.34	3.43	1

表 3.8.2　中国—中亚—西亚经济走廊地区鸟类特有种栖息地名称

国家	鸟类特有种栖息地名称
伊朗	高加索（Caucasus）
	美索不达米亚沼泽（Mesopotamian marshes）
土耳其	高加索（Caucasus）

3.9　原始森林景观

中国—中亚—西亚经济走廊地区国家中只有哈萨克斯坦拥有 2 处原始森林景观，且都分布在与俄罗斯交界的边境地区，面积仅有 3 875.38 km²，占比只有全国面积的 0.14%。

表 3.9　中国—中亚—西亚经济走廊地区原始森林景观概况

国家	陆地总面积 /km²	原始森林景观面积 /km²	原始森林景观面积占比 /%	原始森林景观数量 / 个
哈萨克斯坦	2 724 900	3 875.38	0.14	2
乌兹别克斯坦	448 900	0	0	0
土库曼斯坦	491 210	0	0	0
塔吉克斯坦	143 100	0	0	0
吉尔吉斯斯坦	199 951	0	0	0
伊朗	1 645 000	0	0	0
土耳其	783 600	0	0	0

第4章 中国—中南半岛经济走廊地区

"中国—中南半岛经济走廊"依托泛亚铁路，自中国云南昆明和广西南宁出发，纵贯越南、老挝、柬埔寨、泰国，穿越马来半岛直抵新加坡，联通整个中南半岛。该走廊所在地区地势整体差异较大，北段位于海拔 2 000 m 以上的区域，长约 700 km，南段有各类自然保护区 259 个，该走廊在生物多样性保护领域发展差异较大。本章根据数据情况，从物种多样性和生态系统多样性等方面对该地区部分国家的生物多样性情况分别进行分析。

4.1 世界自然保护联盟濒危物种红色名录

4.1.1 鸟类

中国—中南半岛经济走廊地区国家几乎全部位于濒危物种红色名录（鸟类）分布地区，除新加坡外，分布区面积占比均在 95% 以上。新加坡是城市国家，因此占比相对较低。新加坡的红色名录濒危物种（鸟类）主要包括大滨鹬和白腹军舰鸟。

表 4.1.1　中国—中南半岛经济走廊地区世界自然保护联盟濒危物种红色名录（鸟类）概况

国家	陆地总面积 /km²	濒危物种红色名录（鸟类）分布区面积 /km²	分布区面积占比 /%	分布区数量 / 个
越南	329 556	317 785.1	96.43	23
老挝	236 800	230 302.35	97.26	15
柬埔寨	181 035	180 196.55	99.54	15
泰国	513 000	511 172.92	99.64	25
马来西亚	330 000	326 307.64	98.88	24
新加坡	735.2	384.62	53.32	7

4.1.2　非鸟类

中国—中南半岛经济走廊地区国家也几乎全部位于濒危物种红色名录（非鸟类）分布地区，分布区划分的数量和占比与鸟类相比都更高。新加坡是城市国家，因此占比相对较低。新加坡的红色名录濒危物种（非鸟类）主要包括棘突变形虫、锯缘叶蝉和羊膜小斑鱼。

表 4.1.2　中国—中南半岛经济走廊地区世界自然保护联盟濒危物种红色名录（非鸟类）概况

国家	陆地总面积 / km^2	濒危物种红色名录（非鸟类）分布区面积 /km^2	分布区面积占比 /%	分布区数量 / 个
越南	329 556	320 997.91	97.40	166
老挝	236 800	230 313.58	97.26	121
柬埔寨	181 035	181 024.08	99.99	71
泰国	513 000	511 170.14	99.64	136
马来西亚	330 000	327 043.99	99.10	141
新加坡	735.2	395.88	53.85	17

4.2　植物多样性保护区

中国—中南半岛经济走廊地区虽然有大量的植物资源，但这一区域所有国家的植物多样性保护区数量和面积占比却普遍较低，占比最高的马来西亚也只有 6.38%。在数量方面，马来西亚设立了 14 个植物多样性保护区，仅次于中国的 15 个。新加坡是城市国家，国土面积狭小，因此并未设立植物多样性保护区。在中国—中南半岛经济走廊地区以西双版纳地区最为知名。西双版纳自然保护区横跨中国、缅甸和老挝 3 个国家，是所有保护区中面积最大的一个，也是老挝唯一的植物多样性保护区。柬埔寨唯一的植物多样性保护区为友敦自然保护区，与越南共享。

表 4.2.1　中国—中南半岛经济走廊地区植物多样性保护区概况

国家	陆地总面积 /km²	植物多样性保护区 面积 /km²	植物多样性保护区 面积占比 /%	植物多样性保护区 数量 / 个
越南	329 556	9 111.64	2.76	6
老挝	236 800	126.21	0.05	1
柬埔寨	181 035	0.77	0.000 4	1
泰国	513 000	13 203.10	2.57	6
马来西亚	330 000	21 070.16	6.38	14
新加坡	735.2	0	0	0

表 4.2.2　中国—中南半岛经济走廊地区植物多样性保护区名称

国家	植物多样性保护区名称
越南	白马—海云国家公园（Bach Ma-Hai Van National Park）
	大叻猫亲生物圈保护区（Cat Tien Biosphere Reserve）
	酉华国家公园（Cuc Phuong National Park）
	兰卡比安—大叻高地（Langbian-Dalat Highland）
	石灰岩地区（Limestone region）
	友敦自然保护区（Yok Don Nature Reserve）
老挝	西双版纳地区（Xishuangbanna region）
柬埔寨	友敦自然保护区（Yok Don Nature Reserve）
泰国	章桥野生动物保护区（Doi Chiang Dao Wildlife Sanctuary）
	苏德佩—普伊国家公园（Doi Suthep-Pui National Park）
	喀鲁屋国家公园（Khao Yai National Park）
	马来半岛石灰岩植物群（Limestone flora of Peninsular Malaysia）
	丹那喀（坦叻宁）[Taninthayi（Tenasserim）]
	通雅—怀卡亥世界遗产地（Thung Yai-Huai Kha Khaeng World Heritage Site）
马来西亚	乌鲁登布戎巴图阿波伊森林保护区（Batu Apoi Forest Reserve, Ulu Temburong）
	东沙巴低地与丘陵阔叶林（East Sabah Lowland and Hill Dipterocarp Forest）
	恩道—隆平州立公园（拟建）[Endau-Rompin State Parks（proposed）]

续表

国家	植物多样性保护区名称
马来西亚	穆鲁山国家公园 / 拉比山 / 巴图帕坦 / 新港河（Gunung Mulu NP/Labi Hills/Batu Patam/Sungei Ingei）
	基纳巴卢公园（Kinabalu Park）
	兰比尔山（Lambir Hills）
	兰卡—恩提毛与巴当艾与本通卡里穆（Langak-Entimau & Batang Ai & Bentuang Karimum）
	婆罗州石灰岩植物群（Limestone flora of Borneo）
	马来半岛石灰岩植物群（Limestone flora of Peninsular Malaysia）
	马来半岛山地植物群（Montane flora of Peninsular Malaysia）
	东北婆罗州超基性植物群（North-East Borneo Ultramafic Flora）
	卡扬河—门塔朗河（Sungai Kayan-Sungai Mentarang）
	国家公园（Taman Negara）
	登嘉楼山丘（Trengganu Hills）

4.3 生物多样性热点地区

中国—中南半岛经济走廊地区国家几乎全部处于亚次大陆（Indo-Burma）地区和巽他古陆（又名桑达兰地区）地区两大生物多样性热点地区范围内。其中，亚次大陆地区横跨越南、老挝、柬埔寨、泰国和马来西亚五国，巽他古陆地区则是马来西亚和新加坡的重要组成部分。亚次大陆地区和巽他古陆地区都属于世界十大濒危森林生物多样性地区：亚次大陆地区是全球受威胁最大的森林生物多样性热点地区之一。据统计，该地区内的每一个港口都至少拥有1 500种本土植物物种，但这些物种的原始生长环境已失去了90%以上。巽他古陆地区在马来半岛部分分布着大量的山地雨林和泥炭沼泽森林，然而随着大部分森林被人类转变为用于生产橡胶等产品的种植园，如今巽他古陆地区的原始森林只剩下大约7%。此外，农业生产也是造成该地区一些特有植物物种数量不断下降的主要原因。

表 4.3.1　中国—中南半岛经济走廊地区生物多样性热点地区概况

国家	陆地总面积 / km²	生物多样性热点地区面积 /km²	生物多样性热点地区面积占比 /%	生物多样性热点地区数量 / 个
越南	329 556	319 227.59	96.87	1
老挝	236 800	230 311.41	97.26	1
柬埔寨	181 035	180 206.06	99.54	1
泰国	513 000	508 864.88	99.19	2
马来西亚	330 000	321 286.70	97.36	2
新加坡	735.2	372.70	50.69	1

表 4.3.2　中国—中南半岛经济走廊地区生物多样性热点地区名称

国家	生物多样性热点地区名称
越南	亚次大陆（Indo-Burma）
老挝	亚次大陆（Indo-Burma）
柬埔寨	亚次大陆（Indo-Burma）
泰国	亚次大陆（Indo-Burma）
	巽他大陆（Sundaland）
马来西亚	亚次大陆（Indo-Burma）
	巽他大陆（Sundaland）
新加坡	巽他大陆（Sundaland）

4.4　生物多样性关键区域

中南半岛各国分别在各自国内不同地区设立了多个生物多样性关键区域，泰国以 127 个位居第一；面积最小的城市国家新加坡也设立了 3 个生物多样性关键区域，分别为中部森林、克兰芝·曼代（Kranji-Mandai）和乌宾·哈蒂卜（Ubin-Khatib）；柬埔寨的生物多样性关键区域面积达到 54 375.76 km²，约占全国面积的 30.04%，是中国—中南半岛经济走廊地区中占比最高的国家。

表 4.4　中国—中南半岛经济走廊地区生物多样性关键区域概况

国家	陆地总面积 /km²	生物多样性关键区域面积 /km²	生物多样性关键区域面积占比 /%	生物多样性关键区域数量 / 个
越南	329 556	32 990.48	10.01	124
老挝	236 800	49 063.04	20.72	63
柬埔寨	181 035	54 375.76	30.04	55
泰国	513 000	82 724.14	16.12	127
马来西亚	330 000	55 565.08	16.82	64
新加坡	735.2	69.77	9.63	3

4.5　世界陆地生态区域

在中国—中南半岛经济走廊地区国家中，新加坡作为城市国家，国土面积小，仅有 1 处陆地生态区域，即马来西亚半岛雨林，面积约占全国的 51.72%。其他国家的陆地生态区域占比均在 95% 以上，区域划分数量与领土面积大小成正比。

表 4.5　中国—中南半岛经济走廊地区陆地生态区域概况

国家	陆地总面积 /km²	陆地生态区域面积 /km²	陆地生态区域面积占比 /%	陆地生态区域数量 / 个
越南	329 556	319 287.86	96.88	14
老挝	236 800	230 303.20	97.26	9
柬埔寨	181 035	180 214.10	99.55	8
泰国	513 000	508 423.96	99.08	15
马来西亚	330 000	320 930.30	97.15	12
新加坡	735.2	374.686 5	51.72	1

4.6　高生物多样性荒野区

中国—中南半岛经济走廊地区没有高生物多样性荒野区分布。

表 4.6 中国—中南半岛经济走廊地区高生物多样性荒野区概况

国家	陆地总面积 / km²	高生物多样性荒野区面积 /km²	高生物多样性荒野区面积占比 /%	高生物多样性荒野区数量 / 个
越南	329 556	0	0	0
老挝	236 800	0	0	0
柬埔寨	181 035	0	0	0
泰国	513 000	0	0	0
马来西亚	330 000	0	0	0
新加坡	735.2	0	0	0

4.7 零灭绝联盟栖息地

在中国—中南半岛经济走廊地区国家中，只有越南和马来西亚设立了零灭绝联盟栖息地，两国的零灭绝联盟栖息地都是著名的景区。范思潘山海拔为 3 142 m，是越南的最高峰；古农木鲁国家公园是马来西亚著名的旅游景点，以石灰岩岩溶构造和非凡的洞穴系统而闻名。

表 4.7.1 中国—中南半岛经济走廊地区零灭绝联盟栖息地概况

国家	陆地总面积 / km²	零灭绝联盟栖息地面积 /km²	零灭绝联盟栖息地面积占比 /%	零灭绝联盟栖息地数量 / 个
越南	329 556	1 082.37	0.33	4
老挝	236 800	0	0	0
柬埔寨	181 035	0	0	0
泰国	513 000	0	0	0
马来西亚	330 000	590.38	0.18	2
新加坡	735.2	0	0	0

表 4.7.2　中国—中南半岛经济走廊地区零灭绝联盟栖息地名称

国家	零灭绝联盟栖息地名称
越南	巴特岱山（Bat Dai Son）
	范思潘山（Fan Si Pan）
	科戈（Ke Go）
	克内特（Khe Net）
马来西亚	古农木鲁国家公园（Gunung Mulu National Park）
	利帕索森林保护区（Lipaso Forest Reserve）

4.8　鸟类特有种栖息地

中国—中南半岛经济走廊地区国家共设立了达拉特高原、南越低地、安南低地、婆罗洲山脉、苏门答腊及马来半岛等鸟类特有种栖息地，绝大多数都位于越南和马来西亚两国。

表 4.8.1　中国—中南半岛经济走廊地区鸟类特有种栖息地概况

国家	陆地总面积 / km^2	鸟类特有种栖息地面积 /km^2	鸟类特有种栖息地面积占比 /%	鸟类特有种栖息地数量 / 个
越南	329 556	82 126.72	24.92	3
老挝	236 800	839.32	0.35	1
柬埔寨	181 035	0	0	0
泰国	513 000	47.58	0.01	1
马来西亚	330 000	70 497.03	21.36	2
新加坡	735.2	0	0	0

表 4.8.2　中国—中南半岛经济走廊地区鸟类特有种栖息地名称

国家	鸟类特有种栖息地名称
越南	安南低地（Annamese lowlands）
	达拉特高原（Da Lat plateau）
	南越低地（South Vietnamese lowlands）

国家	鸟类特有种栖息地名称
老挝	安南低地（Annamese lowlands）
泰国	苏门答腊及马来半岛（Sumatra and Peninsular Malaysia）
马来西亚	婆罗洲山脉（Bornean mountains）
	苏门答腊及马来半岛（Sumatra and Peninsular Malaysia）

4.9 原始森林景观

中国—中南半岛经济走廊地区原始森林面积占比普遍较低，数量较少，数量最多的泰国只有 20 处原始森林景观，占比最高的马来西亚也只有 4.72%。

表 4.9　中国—中南半岛经济走廊地区原始森林景观概况

国家	陆地总面积 / km^2	原始森林景观面积 / km^2	原始森林景观面积占比 /%	原始森林景观数量 / 个
越南	329 556	2 821.22	0.86	4
老挝	236 800	4 582.03	1.93	6
柬埔寨	181 035	704.56	0.39	1
泰国	513 000	19 030.74	3.71	20
马来西亚	330 000	15 583.28	4.72	13
新加坡	735.2	0	0	0

第 5 章　中巴经济走廊地区

中巴经济走廊起点在中国喀什，终点在巴基斯坦的瓜达尔港，全长约 3 000 km，穿越青藏高原西部、印度河平原和巴基斯坦南部沙漠，是包括公路、铁路、油气和光缆通道在内的经济走廊和连接中巴的交通要道。本章根据数据情况，从物种多样性和生态系统多样性等方面对巴基斯坦的生物多样性情况分别进行分析。

5.1　世界自然保护联盟濒危物种红色名录

巴基斯坦全国共设立了 11 处濒危物种红色名录（鸟类）分布区和 13 处非鸟类分布区。鸟类分布区域和非鸟类分布区域大致相同，均位于国内东部海拔相对较低的沿海和与印度接壤的地区。巴基斯坦受威胁的物种包括黑头驼鸟、细嘴鹬、高嘴金翅鸟、高山松鼠、豕羚、灰色飞鼠等。

5.1.1　鸟类

表 5.1.1　中巴经济走廊地区世界自然保护联盟濒危物种红色名录（鸟类）概况

国家	陆地总面积 /km²	濒危物种红色名录（鸟类）分布区面积 /km²	分布区面积占比 /%	分布区数量 /个
巴基斯坦	796 095	418 337.40	52.55	11

表 5.1.2　中巴经济走廊地区世界自然保护联盟濒危物种红色名录（鸟类）分布

国家	濒危物种红色名录（鸟类）分布
巴基斯坦	黑头驼鸟（Ardeotis nigriceps）
	细嘴鹬（Calidris tenuirostris）

续表

国家	濒危物种红色名录（鸟类）分布
巴基斯坦	高嘴金翅鸟（Chrysomma altirostre）
	红喉树莺（Ficedula subrubra）
	孟加拉秃鹫（Gyps bengalensis）
	印度秃鹫（Gyps indicus）
	弯嘴鹳（Leptoptilos dubius）
	秃鹫（Sarcogyps calvus）
	尖尾信天翁（Sterna acuticauda）
	印度鱼鹰（Sypheotides indicus）
	黑头雉（Tragopan melanocephalus）

5.1.2 非鸟类

表 5.1.3 中巴经济走廊地区世界自然保护联盟濒危物种红色名录（非鸟类）概况

国家	陆地总面积 / km^2	濒危物种红色名录（非鸟类）分布区面积 /km^2	分布区面积占比 /%	分布区数量 / 个
巴基斯坦	796 095	438 340.50	55.06	13

表 5.1.4 中巴经济走廊地区世界自然保护联盟濒危物种红色名录（非鸟类）分布

国家	濒危物种红色名录（非鸟类）分布
巴基斯坦	高山松鼠（Alticola montosa）
	豕羚（Axis porcinus）
	阿尔卑斯狼（Cuon alpinus）
	尼特哈默鼠（Dryomys niethammeri）
	灰色飞鼠（Eupetaurus cinereus）
	恒河鳄（Gavialis gangeticus）
	克什米尔锯鳅（Glyptothorax kashmirensis）
	孤独犰狳（Manis crassicaudata）
	铜麝（Moschus cupreus）
	白肚麝（Moschus leucogaster）

国家	濒危物种红色名录（非鸟类）分布
巴基斯坦	谷状腺虫（Parasimplastrea sheppardi）
	恒河豚（Platanista gangetica）
	灰海豚（Sousa plumbea）

5.2　植物多样性保护区

巴基斯坦并未设立植物多样性保护区。

表 5.2　中巴经济走廊地区植物多样性保护区概况

国家	陆地总面积 / km²	植物多样性保护区面积 /km²	植物多样性保护区面积占比 /%	植物多样性保护区数量 / 个
巴基斯坦	796 095	0	0	0

5.3　生物多样性热点地区

巴基斯坦将喜马拉雅山脉和中亚山脉设立为生物多样性热点地区，两处地区与中国的西藏和新疆接壤，也与周边其他国家共享，在巴基斯坦境内的面积约为 5.5 万 km²，约占全国总面积的 6.95%。

表 5.3.1　中巴经济走廊地区生物多样性热点地区概况

国家	陆地总面积 / km²	生物多样性热点地区面积 /km²	生物多样性热点地区面积占比 /%	生物多样性热点地区数量 / 个
巴基斯坦	796 095	55 321.14	6.95	2

表 5.3.2　中巴经济走廊地区生物多样性热点地区名称

国家	生物多样性热点地区名称
巴基斯坦	喜马拉雅山脉（Himalaya）
	中亚山脉（Mountains of Central Asia）

5.4 生物多样性关键区域

巴基斯坦全国共设立了 43 处生物多样性关键区域，虽然总面积仅有 4.1 万 km²，仅占全国的 5.16%，但却涵盖了哈扎尔甘吉奇尔坦国家公园、加拉纳湿地保护区等重要区域。其中，哈扎尔甘吉奇尔坦国家公园位于奎达市，是巴基斯坦俾路支省省会和最大城市，名字取自普什图语"Kwatta"，意为"堡垒"。因为四面都是大山，所有这里拥有大量的野羊、野狼、野兔和野猫。哈扎尔甘吉奇尔坦国家公园里栖息着多种鸟类，此外还有包括野生橄榄树、杏仁树、无花果树和野生樱桃树在内的 225 种植物。加拉纳湿地保护区地处印度与巴基斯坦边境的农业地区，属于半干旱湿地，这里也被国际鸟类保护组织宣布为重要鸟类保护区。

表 5.4 中巴经济走廊地区生物多样性关键区域概况

国家	陆地总面积 / km²	生物多样性关键区域面积 /km²	生物多样性关键区域面积占比 /%	生物多样性关键区域数量 / 个
巴基斯坦	796 095	41 064.50	5.16	43

5.5 世界陆地生态区域

巴基斯坦几乎全国都处于陆地生态区域范围内，共划分为 20 处区域，主要包括林地、沙漠、草原、冻原和沼泽 5 大类，具体包括印度河三角洲 - 阿拉伯海红树林、西北喜马拉雅高山灌木和草甸、巴基斯坦北部沙漠等。其中，库奇湿地季节性盐沼是巴基斯坦唯一的沼泽地，面积达到 7 050 km²，旱季时这里是干燥坚硬的沙泥，雨季时则是一片汪洋，这里生活着被当地人称为"Ghudkur"的印度野驴，冬季也可以看到火烈鸟、鹈鹕和灰鹤等野生鸟类。

表 5.5.1　中巴经济走廊地区陆地生态区域概况

国家	陆地总面积 / km²	陆地生态区域 面积 /km²	陆地生态区域 面积占比 /%	陆地生态区域 数量 / 个
巴基斯坦	796 095	794 001.40	99.74	20

表 5.5.2　中巴经济走廊地区陆地生态区域名称

国家	陆地生态区域名称
巴基斯坦	巴基斯坦干燥森林（Baluchistan xeric woodlands）
	中阿富汗山区干燥森林（Central Afghan Mountains xeric woodlands）
	东阿富汗山地针叶林（East Afghan montane conifer forests）
	喜马拉雅亚热带松林（Himalayan subtropical pine forests）
	印度河三角洲—阿拉伯海红森林（Indus River Delta-Arabian Sea mangroves）
	印度河谷沙漠（Indus Valley desert）
	喀喇昆仑—西藏高原高山草原（Karakoram-West Tibetan Plateau alpine steppe）
	库赫鲁德和东伊朗山地森林（Kuh Rud and Eastern Iran montane woodlands）
	西藏高原—昆仑山高山沙漠（North Tibetan Plateau-Kunlun Mountains alpine desert）
	西北喜马拉雅高山灌木和草甸（Northwestern Himalayan alpine shrub and meadows）
	西北刺灌丛林（Northwestern thorn scrub forests）
	帕米尔高原高山沙漠和苔原（Pamir alpine desert and tundra）
	库奇湿地季节性盐沼（Rann of Kutch seasonal salt marsh）
	雷吉斯坦—北巴基斯坦沙丘沙漠（Registan-North Pakistan sandy desert）
	岩石和冰川（Rock and Ice）
	南伊朗努布—辛迪沙漠和半沙漠（South Iran Nubo-Sindian desert and semi-desert）
	苏莱曼山高山草甸（Sulaiman Range alpine meadows）
	塔尔沙漠（Thar desert）
	西喜马拉雅阔叶森林（Western Himalayan broadleaf forests）
	西喜马拉雅高山针叶林（Western Himalayan subalpine conifer forests）

5.6　高生物多样性荒野区

巴基斯坦并未设立高生物多样性荒野区。

表 5.6　中巴经济走廊地区高生物多样性荒野区概况

国家	陆地总面积 /km²	高生物多样性荒野区面积 /km²	高生物多样性荒野区面积占比 /%	高生物多样性荒野区数量 / 个
巴基斯坦	796 095	0	0	0

5.7　零灭绝联盟栖息地

巴基斯坦并未设立零灭绝联盟栖息地。

表 5.7　中巴经济走廊地区零灭绝联盟栖息地概况

国家	陆地总面积 / km²	零灭绝联盟栖息地面积 /km²	零灭绝联盟栖息地面积占比 /%	零灭绝联盟栖息地数量 / 个
巴基斯坦	796 095	0	0	0

5.8　鸟类特有种栖息地

巴基斯坦将西喜马拉雅山脉划定为鸟类特有种栖息地。西喜马拉雅山脉在巴基斯坦境内的面积约为 3.6 万 km²，占巴基斯坦总面积的 4.52%。这一地区分布着红头隼、灰翅鸫、蓝头矶鸫、白冠噪鹛、褐背伯劳、黄颊山雀等将近 80 种珍稀鸟类。

表 5.8.1　中巴经济走廊地区鸟类特有种栖息地概况

国家	陆地总面积 / km²	鸟类特有种栖息地面积 /km²	鸟类特有种栖息地面积占比 /%	鸟类特有种栖息地数量 / 个
巴基斯坦	796 095	35 969.43	4.52	1

表 5.8.2　中巴经济走廊地区鸟类特有种栖息地名称

国家	鸟类特有种栖息地名称
巴基斯坦	西喜马拉雅山脉（Western Himalayas）

5.9 原始森林景观

巴基斯坦境内虽有西喜马拉雅阔叶林、亚高山针叶林分布，但并无原始森林景观。

表 5.9 中巴经济走廊地区原始森林景观概况

国家	陆地总面积 / km²	原始森林景观面积 /km²	原始森林景观面积占比 /%	原始森林景观数量 / 个
巴基斯坦	796 095	0	0	0

第6章　孟中印缅经济走廊地区

孟中印缅经济走廊自中国云南昆明经缅甸、孟加拉国、印度连通印度洋，全长近 4 000 km。该走廊穿越云贵高原和缅甸北部山地，以大陆性热带季风气候和热带季风气候为主。该地区大气环境质量较差，水热充足，孟加拉湾地区降水多、洪涝灾害频发，自然保护区分布广泛。本章根据数据情况，从物种多样性和生态系统多样性等方面对该地区部分国家的生物多样性情况分别进行分析。

6.1　世界自然保护联盟濒危物种红色名录

孟中印缅经济走廊地区几乎全部处于世界自然保护联盟濒危物种红色名录分布区覆盖范围内，孟加拉国、印度、缅甸分别设立了多个鸟类分布区，印度和缅甸设立了上百个非鸟类分布区。这一地区的鸟类主要包括滨鹬和黑鹭，非鸟类则包括恒河鳄、红绒螯蟹、沙田鼠等物种。

6.1.1　鸟类

表 6.1.1　孟中印缅经济走廊地区世界自然保护联盟濒危物种红色名录（鸟类）概况

国家	陆地总面积 / km²	濒危物种红色名录（鸟类） 分布区面积 /km²	分布区面积占比 /%	分布区数量 / 个
孟加拉国	147 600	131 770.90	89.28	16
印度	2 980 000	2 886 333	96.86	47
缅甸	676 578	653 850.58	96.64	25

6.1.2 非鸟类

表 6.1.2　孟中印缅经济走廊地区世界自然保护联盟濒危物种红色名录（非鸟类）概况

国家	陆地总面积 / km²	濒危物种红色名录（非鸟类）分布区面积 /km²	分布区面积占比 /%	分布区数量 / 个
孟加拉国	147 600	135 378.70	91.72	24
印度	2 980 000	2 880 247	96.65	325
缅甸	676 578	656 755.68	97.07	105

6.2　植物多样性保护区

孟中印缅经济走廊地区国家中孟加拉国并未设立植物多样性保护区；缅甸全国将近 1/3 的面积都被植物多样性保护区覆盖；印度虽然面积较大，却只有约 1.57% 的面积属于植物多样性保护区。孟中印缅经济走廊地区的植物多样性保护区以安达曼和尼科巴群岛、高黎贡山、怒江、碧螺雪山和西双版纳地区为主。

表 6.2.1　孟中印缅经济走廊地区植物多样性保护区概况

国家	陆地总面积 / km²	植物多样性保护区面积 /km²	植物多样性保护区面积占比 /%	植物多样性保护区数量 / 个
孟加拉国	147 600	0	0	0
印度	2 980 000	46 773.22	1.57	8
缅甸	676 578	218 855.88	32.35	9

表 6.2.2　孟中印缅经济走廊地区植物多样性保护区名称

国家	植物多样性保护区名称
印度	阿戈斯塔马莱山脉（Agastyamalai Hills）
	安达曼和尼科巴群岛（Andaman and Nicobar Islands）
	纳拉马莱山脉（Nallamalai Hills）
	南达帕国家公园（Namdapha）

续表

国家	植物多样性保护区名称
印度	楠达德维山（Nanda Devi）
	纳特马当和荣克朗山脉（Natma Taung and Rongklang Range）
	尼尔吉里山脉（Nilgiri Hills）
	缅甸北部（North Myanma）
缅甸	巴戈（培固）山脉 [Bago（Pegu）Yomas]
	大央道野生动物保护区（Doi Chiang Dao Wildlife Sanctuary）
	高黎贡山、怒江和碧洛雪山（Gaoligong Mt, Nu Jiang River and Biluo Snow Mts）
	南达帕国家公园（Namdapha）
	纳特马当和荣克朗山脉（Natma Taung and Rongklang Range）
	缅甸北部（North Myanma）
	泰纳瑟林 [Taninthayi（Tenasserim）]
	通亚—怀卡凯恩世界遗产地（Thung Yai-Huai Kha Khaeng World Heritage Site）
	西双版纳地区（Xishuangbanna region）

6.3 生物多样性热点地区

孟中印缅经济走廊地区的生物多样性热点地区主要以喜马拉雅山脉、亚次大陆和巽他古陆为主，其中喜马拉雅山脉和亚次大陆为三国共享，巽他古陆地区与中国–中南半岛经济走廊地区国家共享。

表 6.3.1　孟中印缅经济走廊地区生物多样性热点地区概况

国家	陆地总面积 / km^2	生物多样性热点地区面积 /km^2	生物多样性热点地区面积占比 /%	生物多样性热点地区数量 /个
孟加拉国	147 600	7 633.93	5.17	2
印度	2 980 000	506 099.66	16.98	4
缅甸	676 578	654 653.73	96.76	3

表 6.3.2　孟中印缅经济走廊地区生物多样性热点地区名称

国家	生物多样性热点地区名称
孟加拉国	喜马拉雅山脉（Himalaya）
	亚次大陆（Indo-Burma）
印度	喜马拉雅山脉（Himalaya）
	亚次大陆（Indo-Burma）
	巽他大陆（Sundaland）
	西高止山脉和斯里兰卡（Western Ghats and Sri Lanka）
缅甸	喜马拉雅山脉（Himalaya）
	亚次大陆（Indo-Burma）
	中国西南山区（Mountains of Southwest China）

6.4　生物多样性关键区域

　　孟中印缅经济走廊地区除中国外共设立了 686 处生物多样性关键区域，其中印度设立了 530 处，缅甸设立了 133 处，孟加拉国设立了 23 处。绝大多数位于中国和印度交界的喜马拉雅山脉和沿海地区，内陆部分较少。

表 6.4　孟中印缅经济走廊地区生物多样性关键区域概况

国家	陆地总面积 / km²	生物多样性关键区域面积 /km²	生物多样性关键区域面积占比 /%	生物多样性关键区域数量 / 个
孟加拉国	147 600	6 039.05	4.09	23
印度	2 980 000	176 814.14	5.93	530
缅甸	676 578	100 438.78	14.85	133

6.5　世界陆地生态区域

　　孟中印缅经济走廊地区几乎全部由陆地生态区域组成，不过由于这里拥有全世界最大的三角洲——恒河三角洲，因此孟加拉国的陆地生态区域占比相对较低，为 90.93%。

表 6.5　孟中印缅经济走廊地区陆地生态区域概况

国家	陆地总面积 /km²	陆地生态区域面积 /km²	陆地生态区域面积占比 /%	陆地生态区域数量 / 个
孟加拉国	147 600	134 184.20	90.91	7
印度	2 980 000	2 972 157	99.74	47
缅甸	676 578	655 179.03	96.84	19

6.6　高生物多样性荒野区

　　孟中印缅经济走廊地区国家并未设立高生物多样性荒野区。

表 6.6　孟中印缅经济走廊地区高生物多样性荒野区概况

国家	陆地总面积 /km²	高生物多样性荒野区面积 /km²	高生物多样性荒野区面积占比 /%	高生物多样性荒野区数量 / 个
孟加拉国	147 600	0	0	0
印度	2 980 000	0	0	0
缅甸	676 578	0	0	0

6.7　零灭绝联盟栖息地

　　孟中印缅经济走廊地区是设立零灭绝联盟栖息地最多的地区，除中国设立了 25 个外，印度和缅甸合计设立了 19 个零灭绝联盟栖息地，包括安博利森林、昌巴谷、冈迪亚森林等。

表 6.7.1　孟中印缅经济走廊地区零灭绝联盟栖息地概况

国家	陆地总面积 /km²	零灭绝联盟栖息地面积 /km²	零灭绝联盟栖息地面积占比 /%	零灭绝联盟栖息地数量 / 个
孟加拉国	147 600	0	0	0
印度	2 980 000	7 458.79	0.25	16
缅甸	676 578	3 673.18	0.54	3

表 6.7.2　孟中印缅经济走廊地区零灭绝联盟栖息地名称

国家	零灭绝联盟栖息地名称
印度	安博利森林（Amboli Forest）
	昌巴谷（Chamba Valley）
	大尼科巴，小尼科巴（Great Nicobar, Little Nicobar）
	冈迪亚森林（Gundia Forests）
	印迪拉·甘地野生动物保护区和国家公园（Indira Gandhi Wildlife Sanctuary and National Park）
	卡拉卡德—穆丹图赖虎保护区（Kalakad-Mundanthurai Tiger Reserve）
	库伦巴帕提（塞勒姆区）[Kurumbapatti (Salem District)]
	曼纳斯国家公园（Manas National Park）
	穆纳尔（Munnar）
	纳杜瓦坦（Naduvattam）
	南达帕国家公园（Namdapha-Kamlang）
	国家昌巴尔野生动物保护区（阿格拉/埃塔瓦）[National Chambal Wildlife Sanctuary (Agra/Etawah)]
	国家昌巴尔野生动物保护区（邦迪/科塔）[National Chambal Wildlife Sanctuary (Bundi/Kota)]
	辛哈格尔（Sinhgarh）
	斯里兰卡马莱斯瓦尔野生动物保护区（Sri Lankamalleswara Wildlife Sanctuary）
	上希隆（Upper Shillong）
缅甸	哈曼提保护区（Htamanthi）
	南达帕国家公园（Namdapha-Kamlang）
	纳特马当（维多利亚山）[Natmataung (Mount Victoria)]

6.8　鸟类特有种栖息地

　　孟中印缅经济走廊地区除中国外共设立了 12 处鸟类特有种栖息地，主要分为山脉、平原和群岛三大类，具体包括喜马拉雅山脉东部、西喜马拉雅山脉、阿萨姆平原、伊洛瓦底平原、安达曼和尼科巴群岛等。

表 6.8.1　孟中印缅经济走廊地区鸟类特有种栖息地概况

国家	陆地总面积 / km²	鸟类特有种栖息地 面积 /km²	鸟类特有种栖息地 面积占比 /%	鸟类特有种栖息地 数量 / 个
孟加拉国	147 600	16 424.46	11.13	2
印度	2 980 000	326 511.50	10.96	7
缅甸	676 578	217 446.79	32.14	4

表 6.8.2　孟中印缅经济走廊地区鸟类特有种栖息地名称

国家	鸟类特有种栖息地名称
孟加拉国	阿萨姆平原（Assam plains）
	喜马拉雅山脉东部（Eastern Himalayas）
印度	安达曼群岛（Andaman Islands）
	阿萨姆平原（Assam plains）
	喜马拉雅山脉东部（Eastern Himalayas）
	尼科巴群岛（Nicobar Islands）
	西高止山脉（Western Ghats）
	西喜马拉雅山脉（Western Himalayas）
缅甸	阿萨姆平原（Assam plains）
	喜马拉雅山脉东部（Eastern Himalayas）
	伊洛瓦底平原（Irrawaddy plains）
	云南山脉（Yunnan mountains）

6.9　原始森林景观

　　孟中印缅经济走廊地区的原始森林几乎全部位于中国、印度和缅甸三国交界一带，即藏南林芝地区，由于这里地处喜马拉雅山南部的迎风坡，与雅鲁藏布江的水汽相通，因此气候湿润，保存着较为完好的原始森林，其中以鲁朗和南伊沟两大林区最为著名。鲁朗林海平均海拔 3 700 m 左右，是一片典型的高原山地草甸狭长地带，长约 15 km，平均宽约 1 km。两侧青山由低往高分别由灌木丛及茂密的云杉和松树组成，自然条件优越。南伊沟位于米林市南部的南伊乡境内，是神秘藏医药文化的重要发源地，有"藏地药王谷"之称，这里平均海拔为 2 500 m，生态保护完好，气候湿润，动植物资源十分丰富，因此又有小江南的美誉，同时被称为"中国绿色峰级的森林浴场"。而在孟加拉国境内没有原始森林分布。

表 6.9　孟中印缅经济走廊地区原始森林概况

国家	陆地总面积 /km^2	原始森林面积 /km^2	原始森林面积占比 /%	原始森林数量 / 个
孟加拉国	147 600	0	0	0
印度	2 980 000	31 073.31	1.04	11
缅甸	676 578	36 022.50	5.32	29

附：数据来源

《世界自然保护联盟濒危物种红色名录》

《世界自然保护联盟濒危物种红色名录》（IUCN 红色名录）是由世界自然保护联盟于 1963 年开始按其方法和标准对全球动物、植物、真菌物种进行评估后得出的相关物种分布情况和受威胁程度等信息的名录，该名录被认为是全球生物多样性状况最全面、最权威的指标。2019 年 7 月 18 日，《世界自然保护联盟濒危物种红色名录》最新更新版正式发布，更新后的名录共包括 105 732 个物种，其中 28 338 个物种濒临灭绝。

其中鸟类部分的数据集基于国际鸟类联盟发布的鸟类分布区信息，抽取了其中极危、濒危、易危鸟类物种（仅限分布区面积 5 万 km² 以下）的相关数据。分布区过大（大于 1 000 万 km²）的物种由于不适于分析操作而未被纳入。非鸟类部分的数据集基于世界自然保护联盟红色名录中非鸟类物种的信息，抽取了其中极危、濒危、易危物种（仅限分布区面积 5 万 km² 以下）的相关数据。分布区过大（大于 1 000 万 km²）的物种，如鲸、海龟等，由于不适于分析操作而未被纳入。

植物多样性保护区

植物多样性中心数据主要来源于世界自然保护联盟（IUCN）和世界自然基金会（WWF）共同完成的植物多样性中心（CPD）项目。该项目旨在确定世界各地能够为最多数量的植物物种进行有效保护的区域，并通过记录保护这些区域可为社会所带来的诸多经济和科学上的益处，凸显其对于可持续发展的潜在价值，进而制定出所选区域的保护策略。CPD 项目分布在全球各地，主要分为欧洲、非洲、西南亚和中东，亚洲、澳大拉西亚和太平洋，以及美洲 3 个地理区域，涵盖了从广袤的山地系统到岛屿复合体以及小型森林区域等多种地貌。

生物多样性热点地区

生物多样性热点地区的选取根据以下两项标准。①不可替代性：至少包含

1 500 种维管植物特有种,即其植物特有种的数量和比例要足够高;②该区域物
种处于受威胁状态:其现存的原始天然植被占比不得超过 30%。

目前在全世界只有 35 个地区符合热点地区的条件,仅占全球陆地面积的
2.3%,然而这些地区却拥有着世界一半以上的植物特有种(其他地区没有分
布)以及近 43% 的鸟类特有种、哺乳动物、爬行动物和两栖动物。

生物多样性关键区域

生物多样性关键区域(KBA)是全球层面上对维系陆地、淡水和海洋生态
系统中的生物多样性具有重要贡献的栖息地。世界生物多样性关键区域数据库
由国际鸟类联盟管理的世界鸟类和生物多样性数据库(WBDB)发展而来,并
由国际鸟类联盟代表 KBA 合作伙伴进行管理。其中包括由国际鸟类联盟合作
伙伴、零灭绝联盟栖息地确定的重要鸟类和生物多样性区域数据、通过关键生
态系统合作伙伴基金(Critical Ecosystem Partnership Fund)支持的基于热点地
区而识别出的 KBA 数据以及少量其他的 KBA 数据。

世界陆地生态区域

世界陆地生态区域(TEOW)是按生物地理指标对地球陆地生物多样性进
行的划定。生物地理单位即生态区,其定义为相对较大、包含独特自然群落组
合、共享大部分物种、自然过程和环境条件的陆地或水域单位。目前全球共划
定了 867 个陆地生态区域,分为 14 个不同的生物群落区,如森林、草原或沙
漠。生态区域代表不同物种和群落组合的原始分布。

WWF 的 Global 200 项目分析了全球生物多样性分布模式,确定了一组具
有特殊生物多样性并具有高度代表性的地球陆地、淡水和海洋生态区域,并在
生态区域之间比较生物多样性特征,以评估其不可替代性或独特性。这些特
征包括物种丰富程度、地方特有的物种、不寻常的高级分群、不寻常的生态
或进化现象以及全球稀有栖息地。Global 200 共划定了 238 个生态区域,由
142 个陆地生态区、53 个淡水生态区和 43 个海洋优先生态区组成。对这些生
态区域的有效保护将有助于保护地球上生物多样性最突出和最具代表性的栖
息地。

高生物多样性荒野区

高生物多样性荒野区（HBWA）的概念由保护国际组织（CI）Mittermeier
等于 2002 年提出。HBWA 包含 24 个主要荒野区中的 5 个，这些地区拥有在
全球范围内意义重大的生物多样性研究价值。这 5 个区域分别是亚马孙流域、
中非的刚果雨林、新几内亚岛、非洲南部的 Miombo-Mopane 林地（包括奥卡
万戈三角洲），以及墨西哥北部和美国西南部的北美沙漠复合体。这些区域的
未开发部分面积总计达 898.1 万 km²（占其原始范围的 76%），占地球陆地面积
的 6.1%。

零灭绝联盟栖息地

零灭绝联盟（AZE）是一个由全球多个生物多样性保护组织发起的联合倡
议，旨在通过识别和保护物种的关键栖息地来防止其灭绝。AZE 中的每一个栖
息地都是一个或多个濒危或极危物种仅存的栖息地。

鸟类特有种栖息地

鸟类特有种栖息地（EBA）的定义为包含受限分布物种的重叠繁殖分布区
域，以至于两种或更多受限分布物种的完整分布区域完全位于该 EBA 的边界
内。这并不一定意味着，一个 EBA 的所有局限分布鸟类的完整分布范围都完全
包含在该 EBA 的边界之内，因为某些鸟类可能存在于多个 EBA 中。

局限分布物种的定义为在整个历史时期（自 1800 年后开始进行鸟类记录以
来）所有活动范围不超过 50 000 km² 的陆地鸟类。由于 EBA 的重点在于体现
鸟类的地域特殊性，因此 EBA 不包含在历史上繁殖范围估计曾高于此阈值，但
由于后来栖息地丧失或其他压力而减少到 50 000 km² 以下的鸟类。同时在确定
当前 EBA 清单时为了帮助确定鸟类特有种高度集中的区域，纳入了自 1800 年
以来已经灭绝的局限分布陆地鸟类。EBA 还包含世界上许多分布更广泛的鸟类，
另外 EBA 对于保护其他局限分布的动植物物种也很重要，而且这些区域还有丰
富的人类文化和语言多样性。

原始森林景观

原始森林景观（IFL）是指以森林为主体的完整自然生态系统，远程监测显

示没有人类活动或栖息地破碎的迹象，并且面积大到足以保留所有本地生物多样性，包括活动范围广、野外种群数量健康的各类物种。IFL 具有很高的保护价值，对于稳定陆地碳储存、保护生物多样性、调节水文状况以及提供其他生态系统功能至关重要。

选定 IFL 方法的本质是使用可免费获得的中等空间分辨率卫星图像，识别大规模未开发森林区域的边界，并将这些边界用作森林退化监测的基线。IFL 的概念、测绘和监测算法由研究与环保组织（马里兰大学、绿色和平组织、世界资源研究所和透明世界）共同开发，目前已用于森林退化评估、林业认证、保护政策改进以及科学研究。IFL 方法还可用于在减少毁林和森林退化所致排放（REDD+）机制下进行快速、符合成本效益的森林退化评估和监测，以及用于负责任的森林管理认证过程，如森林管理委员会（FSC）的标准等。

下 篇

>>>

多样性保护进展研究

『一带一路』特定国别生物

第7章　巴基斯坦生物多样性研究

目前，对于"一带一路"沿线南亚国家在生物多样性保护问题上的研究仍然不足，这对于中国如何加强与以巴基斯坦为代表的"一带一路"生物多样性丰富国家在国际生物多样性公约谈判中的立场沟通和理解提出了系列挑战。因此，为强化全球生物多样性研究与保护，积极构建国家和地区间生物多样性保护问题的新型区域合作机制，有必要进一步对"一带一路"沿线南亚国家生物多样性现状开展详细分析。

总体而言，巴基斯坦的生物多样性丰富而独特，存在多种类型的生态系统和高的动植物物种多样性，也面临栖息地丧失与破碎化、动植物资源的过度利用、人类活动、气候变化、环境污染、生物入侵等威胁，在开展生物多样性保护方面，实施了众多的政策、项目、计划和行动，达到了部分的"爱知目标"。

本章从生物多样性现状、生物多样性保护行动、实施爱知生物多样性目标的进展、主要经验和做法等维度对巴基斯坦生物多样性及其保护的总体情况进行分析，为了解该国生物多样性的演化趋势提供借鉴，从而为在"一带一路"倡议下开展中国—巴基斯坦两国的生态环保合作和制定区域生态环境保护政策提供有力的科学支撑。具体如下所述。

7.1　巴基斯坦自然地理概况

巴基斯坦[1]位于北纬24°至37°、东经61°至75°（从阿拉伯海沿岸和印度河口向北延伸约1 700 km，直至其在喜马拉雅山脉的兴都库什山脉和喀喇昆仑山脉的源头），总面积约88.2万 km²，位于南亚次大陆西北部。巴基斯坦东接印度，东北与中国毗邻，西北与阿富汗交界，西邻伊朗，南濒阿拉伯海。

除南部属于热带气候外，其余属于亚热带气候。南部湿热，受季风影响，雨季较长；北部地区干燥寒冷，有的地方终年积雪。年平均气温 27℃ [1]。

巴基斯坦主要自然资源为耕地，分布着广泛的天然气和石油储藏。能源蕴藏量大，包括天然气、石油和煤炭资源 [7]；旁遮普省岩盐矿带（Salt Range）为世界著名的纯盐沉积矿。全国约 28% 的陆地宜于耕作，有世界级的灌溉系统。主要农作物有棉花、小麦、大麦、水稻、玉米、高粱、粟、豆类、甘蔗和油类作物，包括各类水果和蔬菜种植，这些作物占全国作物产出的 75%[2]。

7.2 巴基斯坦的生物多样性现状及威胁

7.2.1 巴基斯坦生物多样性现状

巴基斯坦拥有地球上 10 种生物群落类型中的 4 个，即沙漠、温带草原、热带季节性森林和山地。

巴基斯坦具有丰富的生态系统多样性，因此物种多样性很高（表 7.2.1），包括 198 种哺乳动物（6 种为特有物种）、700 种鸟类（25 种为濒危物种）、177 种爬行动物（13 种为特有物种）、22 种两栖动物（9 种为特有物种）、198 种淡水鱼（29 种为特有物种）和 5 000 种无脊椎动物，以及 6 000 多种开花植物（40 多种为特有物种）。

表 7.2.1   巴基斯坦主要动植物种群的物种丰富度和特有性

物种 / 群落	已发现物种总数 / 种	特有物种数目 / 种	濒危物种数目 / 种
哺乳动物	198	6	20
鸟类	700	—	25
爬行动物	177	13	6
两栖动物	22	9	1
鱼类（淡水）	198	29	1
鱼类（海洋）	788	—	5
棘皮动物	25	—	2

续表

物种 / 群落	已发现物种总数 / 种	特有物种数目 / 种	濒危物种数目 / 种
软体动物（海洋）	769	—	8
甲壳类动物（海洋）	287	—	6
环节动物（海洋）	101	—	1
昆虫	>5 000	—	—
被子植物	5 700	380	—
裸子植物	21	—	—
蕨类植物	189	—	—
藻类	775	20	—
真菌	>4 500	2	—

由于降水量和地貌变化很大，巴基斯坦是世界上少数几个在相对较小的区域内拥有多种生态系统的国家之一。其中包括沿海和海洋生态系统、红树林、印度河三角洲、沿河森林、干燥的热带荆棘林、灌溉种植园、热带落叶林、亚热带常绿阔叶林、亚热带松林、干温带森林、湿温带森林、亚高山森林、高山牧场、冰川和永久雪场、高原、天然湖泊和人工水库（湿地）等。

巴基斯坦是重要的迁徙路线"中亚–南亚航线"（以前称为"印度航线"或"绿色航线"）上的中转站之一，成千上万的候鸟通过这条航线来到这里过冬避难。

巴基斯坦拥有 200 多个具有重要意义的湿地（包括天然和人工湿地）[20]。这些湿地是迁徙和常驻野生动物物种的重要栖息地。巴基斯坦的湿地生态系统为保护多样化的物种提供了支持。巴基斯坦的湿地宝藏还包括 19 个拉姆萨尔遗址。

巴基斯坦的海岸线长约 1 000 km，海洋资源十分丰富。

7.2.2 巴基斯坦生物多样性面临的主要威胁

尽管巴基斯坦的生物多样性非常丰富，但仍然面临非常严重的威胁[3]。至少有 10 个因物种丰富和 / 或独特的动植物群落而具有特殊价值的生态系统受到生境丧失和退化的威胁（表 7.2.2）。

表 7.2.2 巴基斯坦受到严重威胁的生态系统 [8]

生态系统类型	特征描述	重要性	威胁因素
印度河三角洲和沿海湿地	广泛的红树林和滩涂、保护区覆盖率不足	丰富的鸟类和海洋动物、多种红树林生境、海龟生境	减少上游引水的淡水流量、砍伐红树林作柴火、沿海湿地的排水
印度河和湿地	广泛的湿地	具有全球重要性的洄游通道、印度河海豚的栖息地	引水 / 排水、农业集约化、有毒污染
查盖沙漠	古老的沙漠	许多特有和独特的物种	采矿、来自海湾的狩猎队
俾路支省杜松林	巨大而古老的杜松	世界上最大的现存杜松林、独特的动植物种群	砍柴、过度放牧、生境破碎化
Chilghoza 森林（苏莱曼山脉）	岩石露头、山体土层较浅	几个濒危物种的重要（野生动物）栖息地	砍柴和过度放牧、非法狩猎
俾路支省亚热带森林	中高海拔森林，树冠稀疏，但伴生植物丰富	剩下的区域很少、重要的野生动植物栖息地	砍柴和过度放牧
俾路支省的河流	与印度河水系不相连	独特的水生动植物、具有高度的地方特色	引水 / 排水、过度捕捞
热带落叶林（喜马拉雅山麓）	从马尔加拉山国家公园向东延伸至阿扎德克什米尔	也许是巴基斯坦植物最丰富的生态系统	砍柴和过度放牧
湿润干燥的温带喜马拉雅山森林	重要的森林地带，现在越来越支离破碎	鸟类多样性的全球热点、重要的野生动物栖息地	商业伐木、砍柴和过度放牧
横跨喜马拉雅山的阿尔卑斯山和高原	壮观的山脉风光	独特的动植物种群、特有种的中心区域	砍柴和过度放牧、非法狩猎、无管制的旅游业、生境破碎化

7.3 巴基斯坦生物多样性保护行动及进展情况

7.3.1 生物多样性保护管理体系

巴基斯坦在生物多样性保护管理方面由中央和地方两级国家机构共同发挥管理职能，同时在这一过程中有研究机构以及非政府组织（专业组织和国际组织）的参与[4]。

（1）国家机构

巴基斯坦联邦环境部是全国生物多样性保护相关问题的协调中心[49]。各省对生物多样性保护的大部分方面都有控制权，主要责任由省级森林和野生动物部门承担。

森林监察长办公室（在环境部内）负责监督所有政策协调、研究和教育，以及与林业、牧场和野生动物管理有关的联络事务。

国家野生动物保护委员会（National Council for the Conservation of Wildlife，NCCW）是巴基斯坦环境部的一个附属部门，除处理与野生动物物种有关的国际公约和其他相关事项外，还负责制订和协调联邦一级的野生动物政策和计划。

巴基斯坦环境保护局（PEPA）是根据 1997 年《巴基斯坦环境保护法》成立的环境部的一个附属机构。巴基斯坦环境保护局负责执行、实施和管理该国的环境保护工作。环境保护局也是初步环境审查和环境影响评估的协调中心和审批机构。该机构由省级环保局支持。

（2）研究机构

巴基斯坦许多联邦和省级机构都在从事生物多样性各个方面的研究[49]。这些机构包括动物调查部，巴基斯坦自然历史博物馆，巴基斯坦农业研究理事会，巴基斯坦森林研究所，旁遮普省森林研究所，各省农业、渔业和畜牧业研究所和大学。这些研究机构需要在与生物多样性的保护、管理和可持续利用有关的优先领域开展新的研究。此外，还需要制订生物多样性监测计划，并在联邦和省一级建立数据库中心。

（3）非政府组织

在生物多样性保护领域工作的最著名的国际非政府组织是世界自然基金会和世界自然保护联盟。

一些地方非政府组织也在环境保护和生物多样性保护的各个领域开展工作[50]。其中大多数非政府组织与当地社区组织在保护生物多样性方面密切合作。

7.3.2　巴基斯坦履行《生物多样性公约》的政策、计划和行动

7.3.2.1　主要政策

（1）批准《国家森林政策 2015》。2017 年，经共同利益委员会批准，巴基斯坦通过了首个《国家森林政策 2015》[31]。该政策的目标和宗旨是根据国家优先事项和国际协议，扩大、保护和可持续利用国家森林、保护区、自然栖息地和流域，以恢复生态功能，改善民生和人类健康。

（2）启动 REDD+ 战略。巴基斯坦政府于 2009 年启动了"REDD+ 战略"①，2011 年 6 月，巴基斯坦加入了 UN-REDD 计划[32]。巴基斯坦气候变化部成立了 REDD+ 战略协调委员会，并在 2012 年将其改为国家指导委员会，以促进利益攸关方的协调并监督 REDD+ 战略在该国的实施。巴基斯坦政府现在已经启动了 REDD+ 第二阶段（REDD+ 的路线图和行动计划），旨在确保为国家"REDD+ 战略"的实施做出贡献，并制订了巴基斯坦省级行动计划，以减少林业部门的温室气体（GHG）排放，保护该地区的生物多样性。

（3）建设保护区体系。2015—2018 年，巴基斯坦通报了两个国家公园和一个野生动物保护区以及第一个海洋保护区（阿斯托拉岛）。

（4）确定土地退化零增长目标。作为《联合国防治荒漠化公约》的缔约国[34]，

---

① REDD+ 是指减少发展中国家毁林和森林退化所致排放量加上森林可持续管理以及保护和加强森林碳储量，是减缓气候变化全球努力的重要组成部分。粮农组织支持发展中国家的 REDD+ 进程，并将其"国家自主贡献"的政治承诺变为具体行动。

巴基斯坦确定了到 2030 年实现土地退化零增长的 7 个目标。

（5）改进立法和管理。巴基斯坦部分省份更新了渔业立法，以纳入濒危、受威胁和受保护物种（包括《濒危野生动植物种国际贸易公约》各附录中所列的物种）。Miani-HorLagoon 的沿海社区还制定了保护沿海资源的地方管理制度和议定书。巴基斯坦政府正在实施 2018 年新的深海捕捞政策，以限制渔船的数量等。

7.3.2.2　主要项目和计划

（1）2014 年开展 "十亿棵树造林计划"（Billion Trees Afforestation Project），并在不到三年的时间里种植了 10 亿棵树苗。"十亿棵树造林计划" 不仅实现了巴基斯坦的波恩挑战承诺，还被植物保护地球基金会列为第四大举措。《联合国气候变化框架公约》在第 21 届缔约方会议期间宣布该工程为第六大林业猛虎工程（Forestry Tiger），并得到了世界经济论坛的认可 [5]。

（2）于 2016 年启动最大的国家造林方案 "绿色巴基斯坦方案"（Green Pakistan Programme）[5]，计划在五年内（2016—2021 年）实施该项目。"绿色巴基斯坦方案" 有两个更广泛的组成部分：一是恢复巴基斯坦的森林资源，二是恢复巴基斯坦的野生动物资源 [14]。

（3）印度河三角洲红树林恢复计划（2015—2018 年），使印度河三角洲红树林得以成功恢复。

（4）建立生物资源保护遗传资源研究所，开展植物遗传资源计划（PGRP）、微生物遗传资源计划以及国家标本馆计划，开展熊的保护行动。

（5）积极利用赠款资金开展生物多样性保护，包括可持续森林管理（SFM）项目、防治荒漠化的可持续土地管理提升项目、"雪豹和生态系统保护计划（PSLEP）（2018—2022）"、开展国家秃鹫保护战略和行动计划、外来入侵物种行动计划（2018）、印度河盲海豚保护行动（2017）等。

7.3.2.3 积极开展意识提升活动

2014 年 7 月至 2018 年 12 月，巴基斯坦为实现意识提升目标做出了周密的计划和针对性努力。一是通过与主要的非政府组织和其他公共和私营组织合作，在国家和地方各级组织了约一百次与意识提升相关的活动。二是联邦、省和地方各级都举办了重要的国际日活动，如国际生物多样性日、国际山地日等。

7.3.3 巴基斯坦实施各项爱知生物多样性目标的进展

巴基斯坦在实施爱知生物多样性目标方面取得了积极成效[5, 6]。其中，巴基斯坦正在实现目标 1、目标 2、目标 3、目标 4、目标 5、目标 7、目标 8、目标 11、目标 13、目标 14、目标 15、目标 16、目标 18、目标 19 和目标 20；目标 6（可持续渔业）、目标 9（防止和控制外来入侵物种）、目标 10（减少珊瑚礁和其他脆弱生态系统的压力）和目标 12（保护受威胁物种）虽取得一定进展，但速度缓慢。

巴基斯坦实施各项爱知生物多样性目标的进展情况及存在的问题见表 7.3[5]。

表 7.3 巴基斯坦实施爱知生物多样性目标的进展情况及存在的问题

序号	"爱知目标"	目前的进展	存在的问题
1	目标 1：最迟到 2020 年，人们认识到生物多样性的价值，并知道采取何种措施来保护和可持续利用生物多样性	（1）在联邦和地方政府层面均开展了许多结构合理的宣传和提高生物多样性意识的活动。（2）非政府组织和其他民间社会组织积极参与宣传。（3）巴基斯坦《国家生物多样性战略与行动计划》提出了不同的战略和行动	目前宣传和推广战略多以项目为基础，且处于较低的优先级。国家一级的知识管理、外联和传播战略未让主要利益攸关方和其他重要群体参与进来且缺乏有效的经济措施激励公众参与

续表

序号	"爱知目标"	目前的进展	存在的问题
2	目标2：最迟到2020年，生物多样性的价值已被纳入国家和地方发展和扶贫战略及规划进程，并正在被酌情纳入国民经济核算体系和报告系统	近年来，巴基斯坦已将生物多样性问题纳入不同的政策和规划进程。2012年的《国家气候变化政策》提出了养护自然资源和保护森林、生物多样性和脆弱生态系统的政策措施。《国家森林政策2015》《国家粮食安全政策2018》和《国家野生动植物政策2018》草案也提出了扩大国家森林覆盖率、保护区、自然栖息地、可持续农业和恢复生态功能的绿地的建议	在履行《生物多样性公约》的国家报告和核算系统中没有很好地反映生物多样性的价值。由于缺乏对生物多样性的适当估价，没有充分评估生物多样性丧失对贫困民众生计的影响，也没有明确了解恢复生态系统产品和服务如何有助于减贫
3	目标3：最迟到2020年，消除、淘汰或改革危害生物多样性的鼓励措施（包括补贴），以尽量减少或避免消极影响，制定和执行有助于保护和可持续利用生物多样性的积极鼓励措施，并遵照《生物多样性公约》和其他相关国际义务，顾及国家社会经济条件	目前，在巴基斯坦的一些城市，省政府向交通部门提供补贴，以支持减少碳排放。此外，巴基斯坦成立山区保护基金支持生物多样性保护活动。通过农村发展规划提供的资金，间接支持生物多样性保护	在环境敏感地区，来自农业、基础设施建设、砍伐森林和将林地转为非林业用途以及人口增长等因素都对物种多样性造成威胁。亟须开展现有补贴是否有益于自然环境可持续发展的研究
4	目标4：最迟到2020年，所有级别的政府、商业和利益相关方都已采取措施，实现或执行了可持续的生产和消费计划，并将利用自然资源造成的影响控制在安全的生态限值范围内	巴基斯坦在《国家生物多样性战略与行动计划》中提出：（1）提高生产者和消费者对不可持续的生产和消费的认识，以最大限度地减少污染和自然资源退化。（2）在公共和私营部门督促建立保护和可持续利用生物多样性的可持续消费和生产模式，并制定符合《生物多样性公约》目标的采购政策。（3）积极开展战略性环境影响评估、经济激励措施和法律法规的执行，以实现可持续生产和消费的目标	（1）生产部门直接或间接对生物多样性构成威胁。人口增长增加了对自然资源的压力，特别是对土地和水资源的压力。（2）在获取用于贸易的动植物，如马兹里、药用植物、羊肚菌、穿山甲和海龟等过程中，对生境的健康产生了不利影响并使物种面临灭绝的威胁

续表

序号	"爱知目标"	目前的进展	存在的问题
5	目标 5：到 2020 年，包括森林在内的所有自然生境的丧失速度至少降低一半，可能的话，降低至零；自然生境的退化和破碎化程度显著降低	（1）定期进行生境测绘，并使用不同的工具和技术对巴基斯坦的生态系统进行描述。（2）增加社会化林业和人工造林。（3）巴基斯坦的《国家生物多样性战略与行动计划》提出如下策略：策略 1，将创造一个有利的体制和政策环境，将生物多样性保护和可持续利用纳入林业部门的主流。策略 2，通过采用生态系统方法管理所有类型的森林，保护和恢复包括生态系统服务在内的森林生物多样性。策略 3，通过增加花卉多样性，使人工林对生物多样性友好。策略 4，改善森林生物多样性及其价值、功能、状况和趋势有关的知识、科学基础和技术，以防止森林生物多样性的丧失，并将采取缓解措施	由于人类活动的压力不断增加，巴基斯坦的各类生态系统已严重退化，但这些生态系统的生态健康状况尚未得到评估
6	目标 6：到 2020 年，以可持续和合法的方式管理和捕捞所有鱼群、无脊椎动物种群及水生植物，并采用基于生态系统的方式，避免过度捕捞，同时对所有枯竭物种制订了恢复的计划和措施，使渔业对受威胁鱼群和脆弱生态系统不产生有害影响，渔业对种群、物种和生态系统的影响在安全的生态限值范围内	（1）将捕捞权和社区管理纳入渔业管理和保护计划中。（2）海洋和沿海地区资源的保护和可持续利用得到了巴基斯坦政府和保护机构的认可。（3）宣布建立第一个海洋保护区。（4）制定关于红树林保护、湿地和淡水渔业的各种保护举措	（1）贫穷和边缘化人口的生计问题。（2）外来的虹鳟鱼和褐鳟鱼对当地高度专业化的冷水鱼群构成潜在威胁

续表

序号	"爱知目标"	目前的进展	存在的问题
7	目标7：到2020年，农业、水产养殖业及林业用地实现可持续管理，确保生物多样性得到保护	（1）引进了农作物新品种以提高产量。（2）发展水产养殖，为人们创造了生计和食物来源。（3）巴基斯坦联邦以及省级政府发起了大规模的造林活动，以恢复全国各地不同的森林生态系统，如"十亿棵树造林计划"（2014年）、"印度河三角洲红树林恢复计划"（2016年）和"绿色巴基斯坦方案"（2017年）	（1）农作物新品种依赖大量的水来增加产量，导致水涝和盐碱化。（2）灌溉系统的大量渗漏和不良的排水设施也造成了水涝和盐碱化。（3）杀虫剂的使用和特有作物的丧失对授粉昆虫产生了不利影响。（4）水产养殖的种类和范围有限。（5）缺乏对森林覆盖率带来的经济和社会效益的研究
8	目标8：到2020年，污染，包括营养物过剩造成的污染被控制在不对生态系统功能和生物多样性构成危害的范围内	1997年的《巴基斯坦环境保护法》、2005年的《国家环境政策》和2006年的《国家卫生政策》作为指导性文件，减少污染对生物多样性的影响	制革厂、炼油厂、燃煤电厂、塑料、电子废物、空气污染物和制糖业是造成巴基斯坦水生生物污染的主要工业因素。巴基斯坦10个主要城市产生的废水占城市废水总量的60%以上，直接排入自然溪流和河流。在海港周围，特别是卡拉奇港，从船舶和港口码头倾倒的石油产品已经造成严重的沿海污染。这些污染对人类、海洋生物多样性和鸟类会产生急性和慢性毒性影响，对商业性的有鳍鱼和虾类渔业的负面影响也很大

续表

序号	"爱知目标"	目前的进展	存在的问题
9	目标 9：到 2020 年，查明外来入侵物种及其入侵路径并确定其优先次序，优先物种得到控制或根除，并制定措施对入侵路径加以管理，以防止外来入侵物种的引进和种群建立	（1）巴基斯坦成立了国际农业和生物科学中心以解决外来入侵物种问题。（2）世界自然保护联盟巴基斯坦分会还制定了一项全球环境基金资助提案，以提高巴基斯坦决策者和专家的认识，以应对外来入侵物种带来的挑战及其对生物多样性的破坏性影响。（3）巴基斯坦《国家森林政策 2015》和《国家野生动物政策 2018》草案中也规定了关于外来入侵物种的政策准则	由于体制薄弱和立法手段不足，巴基斯坦没能解决外来入侵物种这一问题。此外，巴基斯坦国家海关和检疫部门目前没有足够的技术和资金来采取充分的保障措施，这导致物种通过旅行和贸易（旅游和农业）传播可能性的增加
10	目标 10：到 2015 年，尽可能减少由气候变化或海洋酸化对珊瑚礁和其他脆弱生态系统的多重人为压力，维护它们的完整性和功能	2017 年巴基斯坦宣布阿斯托拉岛为该国第一个海洋保护区，这将有助于保护珊瑚这一宝贵的资源，拯救相关的生物多样性。2017—2018 年开展了阿斯托拉岛生态基线研究，记录了属于 5 科 7 属的 11 种珊瑚	日益增多的人为活动（潜水、捕鱼、船只停泊等）是珊瑚覆盖率下降的主要原因。2017—2018 年开展了阿斯托拉岛生态基线研究，与之前的研究相比，显示珊瑚覆盖率明显下降
11	目标 11：到 2020 年，至少有 17% 的陆地和内陆水域以及 10% 的沿海和海洋区域，尤其是对于生物多样性和生态系统服务具有特殊重要性的区域，通过有效而公平的管理、生态上有代表性和连通性好的保护区系统和其他基于区域的有效保护措施得到保护，并被纳入更广泛的陆地景观和海洋景观	巴基斯坦目前拥有一个较为完善的保护区网络，包括国家公园、野生动物保护区、狩猎保护区以及大量的私人和社区管理区。巴基斯坦的保护区网络面积占全国总面积的 13% 以上。除此之外，2017 年 6 月，阿斯托拉岛已被列为该国首个海洋保护区	需要进一步加强海洋保护区建设工作，以确保沿海和海洋生物多样性的长期保护，并保障当地依赖沿海渔业资源生计的渔民的权利。此外，保护区外的野生生物丰富的区域和走廊也需要适当关注，以保持生态和遗传的连接

续表

序号	"爱知目标"	目前的进展	存在的问题
12	目标 12：到 2020 年，防止了已知受威胁物种的灭绝，且其保护状况，尤其是减少最严重的物种的保护状况得到了改善和维持	通过设立麝香鹿国家公园、波奇河马哈舍尔国家公园等举措，改善了一些受威胁物种的状况	出于各种的原因，巴基斯坦的一些野生动物物种正面临灭绝的危险，如麝香鹿、沙鹤、印度大鸨、小花斑、白背秃鹫、奇尔雉和三角雉等。此外，在巴基斯坦 6 000 多种开花植物物种中，有 465 种受到威胁，其中 50 种濒临灭绝
13	目标 13：到 2020 年，保持了栽培植物、养殖和驯养动物及野生近缘物种，包括其他社会经济以及文化上宝贵的物种的遗传多样性，同时制定并执行了减少遗传侵蚀和保护其遗传多样性的战略	巴基斯坦已将可持续农业、农业生态系统的生物多样性、传粉者和土壤生物多样性的保护、转基因生物的明智使用以及气候变化等方面的问题纳入国家农业政策和计划中，同时将评估农业生物多样性原地和非原地保护方面的差距，并采取措施填补这些差距，以及将对重要的地方品种进行改良以更新农业植物和牲畜遗传资源	巴基斯坦的农业部门一直面临着一些重大挑战，主要原因是使用单一的抗旱型植物品种取代不同品种的栽培植物所面临的基因侵蚀
14	目标 14：到 2020 年，提供重要服务（包括与水相关的服务）以及有助于健康、生计和福祉的生态系统得到了恢复和保障，同时顾及了妇女、土著和地方社区以及贫穷和弱势群体的需要	对重要的生态系统服务进行测量、评估和监测。巴基斯坦的两个陆地生态系统，包括西喜马拉雅温带森林和青藏高原草原，被列入千年生态系统评估的全球 200 个优先生态系统名单	巴基斯坦许多自然生态系统的生态健康状况尚未得到评估，有必要对这些生态系统进行生物多样性评估研究，以吸引投资，恢复生物多样性和减轻贫困。巴基斯坦的两个陆地生态系统——西喜马拉雅温带森林和青藏高原草原，经评估分别处于濒危和脆弱状态

续表

序号	"爱知目标"	目前的进展	存在的问题
15	目标 15：到 2020 年，通过养护和恢复行动，生态系统的复原力以及生物多样性对碳储存的贡献得到加强，包括恢复了至少 15% 的退化生态系统，从而有助于减缓和适应气候变化及防止荒漠化	在退化的生态系统恢复方面，巴基斯坦全国性的植树造林活动和其他相关项目，如可持续森林管理和防治荒漠化的可持续土地管理方案，将有助于实现既定目标（恢复至少 20% 的退化生态系统，以防治荒漠化，并获得经济、社会和文化效益，以及至少恢复 25% 的森林生态系统，提高其复原力和对碳储量的贡献）	巴基斯坦目前尚未将自然资源管理纳入国家政策、规划和预算编制的主要内容中，未实现其主流化
16	目标 16：到 2015 年，《生物多样性公约》关于获取遗传资源和公正公平分享其利用所产生惠益的名古屋议定书》已经根据国家立法生效并实施	巴基斯坦于 2012 年开始起草《获取和惠益分享法》，旨在促进遗传资源及其衍生品的获取，用于无害环境的使用，保护相关传统知识，公平分享由此产生的利益，促进技术转让，建设相关科学知识和技术能力，并于 2016 年批准了《〈生物多样性公约〉关于获取遗传资源和公正公平分享其利用所产生惠益的名古屋议定书》。对于植物遗传资源的获取和公平、公正地分享，巴基斯坦国家粮食安全和研究部下辖的巴基斯坦农业研究委员会是该方面的实施机构	目前，巴基斯坦的《获取和惠益分享法》草案还没有得到批准和通过。此外，目前公正、公平分享利用植物遗传资源所产生的利益机制尚未建立
17	目标 17：到 2015 年，各缔约方已经制订、作为政策工具通过和开始执行了一项有效、参与性的最新国家生物多样性战略与行动计划	巴基斯坦在全国范围内进行广泛的利益攸关方协商，制订了《2017—2030 年国家生物多样性战略与行动计划》（NBSAP）。随后，巴基斯坦总理于 2018 年 11 月批准了该战略与行动计划。该战略与行动计划由 74 项拟议行动组成，涉及 5 项战略目标和 20 项基本建设任务，确定了在执行《生物多样性公约》方面的法律、体制、能力、知识和技术差距，并为消除这些差距提供了建议	巴基斯坦《国家生物多样性战略与行动计划》的实施需要联邦、省、阿扎克邦等政府的领导，以及当地社区、非政府组织和公众的有效参与，因此需要克服一些已存在的体制机制障碍，进行有效协调和参与

续表

序号	"爱知目标"	目前的进展	存在的问题
18	目标18：到2020年，与生物多样性保护和可持续利用有关的土著和地方社区的传统知识、创新和做法以及他们对生物资源的习惯性利用得到尊重，并纳入和反映到公约的执行中，这些应与国家立法和国际义务一致并由土著和地方社区在各级层次中充分和有效参与	目前，巴基斯坦的土著居民和地方社区及其相关传统知识的重要作用得到了巴基斯坦政府、国际社会和《生物多样性公约》等国际论坛以及生物多样性和生态系统服务政府间科学政策平台（IPBES）的高度认可。巴基斯坦已开展一些行动将当地作物、水果、牲畜和家禽品种的多样性及其管理的地方知识记录在案，并将对农场保护的激励措施进行测试	巴基斯坦土著居民内部管理机构及其在可持续管理这些资源方面的作用非常明显，但在经济和社会变化的情况下，这些内部管理机构被削弱了，加剧了各自地区的自然资源退化进程，从而加深了生物多样性保护的危机
19	目标19：到2020年，已经提高、广泛分享和转让并应用了与生物多样性及其价值、功能、状况和变化趋势以及有关其丧失可能带来的后果的知识、科学基础和技术	考虑到与生物多样性有关的科学基础和技术知识的重要性，巴基斯坦制定了一个国家目标。该目标包括以下5个层级目标：（1）将在印度和巴基斯坦之间建立一个跨界协调机制，以保护印度河流域的分水岭价值，从而解决水资源短缺问题并保护湿地生物多样性。（2）将建立一个地理信息系统实验室，以评估森林、生态系统和生境的健康（毁林）和现况（退化），并绘制与遥感技术兼容的地图，以确定保护的优先事项和机会。（3）将开发使用商定的国际标准的森林和生态系统分类体系。（4）将弥合科学家和保护主义者之间的鸿沟，以提高生物多样性保护的知识和实践。（5）将建设国家公共政策学院（NSPP）、国家管理学院（NIM）、国防学院和巴基斯坦议会研究所（PIPS），以便将生物多样性考虑因素纳入中高级管理层决策者的培训课程	由于国际环境、地区冲突以及巴基斯坦国内政策、技术、资金和法律等方面存在诸多问题，因此与生物多样性有关的科学基础和技术知识这一国家目标的实现面临重大挑战

续表

序号	"爱知目标"	目前的进展	存在的问题
20	目标 20：最迟到 2020 年，依照 "资源调集战略" 商定的进程，用于有效执行《战略计划》而从各种渠道筹集的财务资源将较目前水平有大幅提高	巴基斯坦为实现《国家生物多样性战略与行动计划》目标，提出了 7 480 万美元的财政资金预算（所需的额外财政资金将通过全球环境基金和其他窗口筹集），并将提高生物多样性意识的目标纳入巴基斯坦年度和中期发展计划	巴基斯坦《国家生物多样性战略与行动计划》中的许多建议只能通过政策和法律改革来实施，但目前政策和法律方面存在诸多问题和挑战

7.4 巴基斯坦生物多样性保护的需求和分析

7.4.1 生物多样性保护面临的问题

（1）生物多样性保护法律和政策体系尚不完善

1983 年的《巴基斯坦环境保护条例》是第一部针对整体环境保护和养护的相关综合性联邦立法。该法律在 1997 年为《巴基斯坦环境保护法》[53] 所取代。该保护法主要通过对拟议开发项目的环境评估筛选程序来解决该国的生物多样性保护问题。这些程序包括初步环境审查（Initial Environment Examinations, IEEs）和环境影响评估（Environment Impact Assessments, EIAs）。然而，在联邦和省级层面上几乎没有专业人员，也缺乏有效开展 IEE 或 EIAs 的资源[7]。

1992 年巴基斯坦制订的《林业部门总体计划》[14, 54] 侧重于土壤保护、流域开发、木材生产、生物多样性保护和体制建设等方案。巴基斯坦的农业政策处理了一些与《生物多样性公约》有关的问题，包括增加初级生产、减少土地退化、改善灌溉和排水、改善土壤管理和扩大综合虫害管理。然而，它并没有充分解决农业生物多样性本身的问题。渔业政策的重点是水产养殖，没有提到保护本地水生生物多样性[2]。

一些省份成立了省级野生动物委员会，为监督野生动物保护和管理提供政策。但有关物种保护的法律只涉及动物物种，而没有保护植物物种或生境的规定 [7]。

（2）保护区系统尚待完善

巴基斯坦大多数生态区，包括许多受到严重威胁的生态系统，都没有在保护区系统中得到充分体现。野生动物保护区比国家公园提供了更大的保护，而狩猎保护区对栖息地没有保护作用，只是管理狩猎活动。这三类保护区不足以满足当代的需要。

（3）管护水平有待提高

巴基斯坦的保护区管理中存在许多空白 [14, 58]。巴基斯坦的大多数保护区缺乏综合管理计划，即使有，也没有得到充分实施。省级野生动物部门没有配备训练有素的工作人员来有效管理保护区。在合作管理制度方面进展甚微，当地社区在保护区管理中很少发挥作用 [7]。

（4）受威胁生物种类较高

巴基斯坦受威胁生物种类相对较高，仅低于印度尼西亚，陆地保护区面积比例为 10.8%，高于白俄罗斯和哈萨克斯坦 [7]。巴基斯坦包括不同的气候区和生态区，生物多样性相对较高，但是森林退化 [8]、水体污染 [9]、过度放牧 [2]、水利水电工程建设 [10] 等问题，导致巴基斯坦历史上存在的近一半野生生物已灭绝或濒临灭绝。

（5）其他具体问题

一是森林生态系统退化。印度河平原的热带荆棘林已被广泛地转为农业用地 [9]。二是自然生境丧失。巴基斯坦的木本生物量正以每年 4.6% 的速度下降 [11]。红树林的覆盖率已经从 20 世纪 70 年代的 2 600 km² 减少到 20 世纪 90 年代中期的 1 300 km²。三是牧场退化。持续的过度放牧已经使巴基斯坦牧场的饲料生产量减少到潜在产量的 1/3（每年损失近 5 000 万 t），90% 的非高山牧场已经退化 [2]。四是水域退化。通过水坝和拦河坝阻塞印度河被认为是对巴基斯坦水生生态系统生物多样性最重要的人为威胁。此外，沿海水域虾渔业已开始出现过度开发的迹象。五是非法和残酷的狩猎。巴基斯坦有着悠久的狩猎传统，几乎所有大型哺乳动物的数量和分布都在减少。六是水涝和盐碱化。农业灌溉[29]通过增加印度河流域的盐度、钠度（富含钠）和涝渍，造成农业生态系统的退化[2, 5]。七是过度使用化肥。例如，在哈莱兹湖、德里格湖和帕蒂萨尔湖中，过度使用化肥污染了附近的水体，水生植被蔓延，水生生物多样性减少。八是治理体系薄弱、公众识字率低（35%）和基础设施薄弱，都导致对生物多样性的利用和保护缺乏有效控制[8]。

7.4.2　生物多样性保护需求

在生物多样性保护方面，巴基斯坦需要全方位的建设，涵盖生物多样性保护制度、保护方法、资金筹措、保护区体系建设、科学研究、人才培养等各领域[2, 5, 12]。此外，巴基斯坦已经认识到，促进国家政府间和非政府组织之间的国际、区域和全球合作，对生物多样性保护及可持续利用是非常重要的。未来，巴基斯坦具体的生物多样性保护需求主要有以下几点[6, 13, 14-16]：

（1）通过国际合作提升以自然保护区为主的就地保护能力建设。根据不同区域特点，合理优化空间布局，继续通过设立新的自然保护区，从数量和面积上扩大自然保护地的范围，推进生物廊道与保护区群建设，提高保护地内外连通性。加快不同类型（河湖、海洋、草原、森林、水生生物等）保护区构建步伐。

（2）增强迁地保护能力建设。合理优化动物园、植物园布局，开展动植物迁地保护标准化试点示范建设。努力打造一批区域生物遗传资源库和种质资源库，开展濒危物种、特有物种和重要生物遗传资源的收集、保存和研究。

（3）构建国家生物多样性调查监测体系。以优先区域为重点，开展生物多样性综合本底调查，摸清家底，评估动植物保护状况。构建功能完善、布局合理的"空天地一体化"生物多样性监测网络体系，对重要生态系统和生物类群进行常态化观测。

（4）增强生物遗传资源保护与管理。制定和完善生物遗传资源获取与惠益分享相关管理制度，通过制度建设有效规范生物遗传资源的保护与利用。

（5）健全生态补偿制度。制定生物多样性生态补偿规章或办法，依法合理补偿居民因保护生物多样性而受到的经济利益损失。

（6）加快推进重要生态系统的保护与修复。按照"宜耕则耕、宜林则林、宜草则草"的原则，推动退耕还林、退牧还草、湿地保护与恢复等重点生态工程的实施，加强矿产资源开发后的区域性生态修复治理，推动生态脆弱地区生态系统保护与修复。

（7）开展跨境双边或多边环境合作保护。通过双边或多边环境合作，促进跨边境地区的生物多样性保护和区域可持续发展。

（8）广泛开展宣传教育。以报纸、电视、网络等多种社交媒体向公众宣传生物多样性相关基础知识，提高公众保护意识和认知，营造"人人参与，共建共享"的全民参与式生物多样性保护和监督的良好氛围。

7.5 与巴基斯坦开展生物多样性合作的对策建议

7.5.1 气候变化领域

气候变化是生物多样性的一个主要威胁[67, 68]，它导致植物群落的变化以及鸟类和蝴蝶的极地迁徙。在陆地生态系统中，有 28 586 个显著的生物变化与气候变化有关。气候变化很可能会对整个生态系统产生严重的后果，巴基斯坦的生物多样性也不例外。气候变化对植物物种、物种分布和群落组成及生态系统动态有一定的影响。例如，温度的快速上升可能超过了许多物种适应这些变化的能力。

为了保护、恢复和保存巴基斯坦的生物多样性，中巴可以通过采取以下气候变化应对举措相互合作共同推动巴基斯坦的生物多样性保护工作[19-23]：

（1）根据动植物对当前和历史气候变化的反应进行实证研究；

（2）确保"基于生态系统的适应"是各级（从国家到地方）总体气候变化适应战略的一部分；

（3）进行适当的磋商，以形成巴基斯坦对气候变化相关国际政策问题的立场。

7.5.2　其他领域

除气候变化领域外，为了保护、恢复和保存生物多样性，中巴还可以通过采取以下举措推动巴基斯坦生物多样性保护工作 [5, 9, 14, 21, 23-25]：

（1）帮助制定巴基斯坦国家生物多样性指标，并为实施生物多样性行动计划（BAP）提供必要的财政资源；

（2）建立基因库、种子库、动物园、植物园，保护有价值物种的生物多样性；

（3）将生物多样性的养护和保护纳入林业、海洋和牧场等各学科；

（4）鼓励当地社区参与生物多样性的保护和可持续利用；

（5）采取必要措施，在生物多样性丰富的地区建立自然保护区，以保护其存在；

（6）在所有脆弱的生态系统中，特别是在沿海和海洋地区建立保护区；

（7）通过提供自然迁移走廊和辅助迁移，帮助基因贫困的物种或具有重要生态系统功能的物种。

参考文献

[1] 中华人民共和国外交部 . 巴基斯坦国家概况 [EB/OL] [2021-05-12].

[2] Baig M B, Al-Subaiee F S. Biodiversity in Pakistan: key issues[J]. Biodiversity, 2009, 10(4): 20-29.

[3] Anwar M, Jasra A W, Ahmad I. Biodiversity Conservation Status in Pakistan-a Review[J]. The Pakistan Journal of Forestry, 2008, 58(1): 39-50.

[4] Baig M B, Ahmed M. Biodiversity in Pakistan: Status challenges and strategies for its conservation[J]. International Journal of Biol and Bio-Tech, 2007, 4(4): 283-292.

[5] Ministry of Climate Change, Pakistan. Pakistan's Sixth National Report to the United Nations Convention on Biological Diversity[R]. 2019.

[6] Lashari A H, Li W, Hassan M, et al. An evaluation of Biodiversity Action Plan under Biodiversity Governance: Case of Pakistan. 2019: 1-23. DOI: 10.1002/essoar.10501221.1.

[7] Anwar M, Jasra A, Sultani M. Conservation and Sustainable Use of Biodiversity in Pakistan-a Review[J]. Pakistan Agriculture, 2005, 1(1): 56-65.

[8] Qamer F M, Shehzad K, Abbas S, et al. Mapping deforestation and forest degradation patterns in western Himalaya, Pakistan[J]. Remote Sensing, 2016, 8(5): 1-17.

[9] Nabi G, Ali M, Khan S, et al. The crisis of water shortage and pollution in Pakistan: Risk to public health, biodiversity, and ecosystem[J]. Environmental Science and Pollution Research, 2019, 26(11): 10443-10445.

[10] Ali Z, Khan B, Khan A N, et al. Evaluating Impacts of Ghazi Barotha Hydropower Project on Re-settlers at Barotha Model Village, Attock, Pakistan[J]. Journal of Science and Technology, University of Peshawar, 2011, 35(1&2): 39-49.

[11] Hosier R. Forest Energy in Pakistan: The evidence for sustainability[R]. Pakistan

Household Energy Strategy Study (HESS), Islamabad, GOP, Energy wing. Energy Sector Management Assistance Program, 1993.

[12] Sheikh K, Ahmad T, Khan M A. Use, exploitation and prospects for conservation: people and plant biodiversity of Naltar Valley, northwestern Karakorums, Pakistan[J]. Biodiversity & Conservation, 2002, 11(4): 715-742.

[13] Pakistan M. Pakistan National Strategy and Action Plan[M]. by: MFF Pakistan and Climate Change Division, Government of Pakistan. 2014: 4-9.

[14] Lashari A H, Li W, Hassan M, et al. Biodiversity Governance and Management in Pakistan: a Way Forward Through the China-Pakistan Economic Corridor[J]. Polish Journal of Environmental Studies, 2021, 30(3): 2589-2596.

[15] Sherani S H. Biodiversity and its Conservation in Balochistan, Pakistan. 2020: 260-264. DOI: 10.36348/sjls.2020.v05i11.004.

[16] Ahmad M. Natural and human threats to biodiversity in the marine ecosystem of coastal Pakistan[M]. Coastal zone management imperative for maritime developing nations. Springer. 1997: 319-332.

[17] Javeline D, Hellmann J J, Cornejo R C, et al. Expert opinion on climate change and threats to biodiversity[J]. Bioscience, 2013, 63(8): 666-673.

[18] Titeux N, Henle K, Mihoub J B, et al. Climate change distracts us from other threats to biodiversity[M]. Wiley Online Library, 2016.

[19] Ahmed W, Tan Q, Shaikh G M, et al. Assessing and Prioritizing the Climate Change Policy Objectives for Sustainable Development in Pakistan[J]. Symmetry, 2020, 12(8): 1-32.

[20] Mumtaz M. The national climate change policy of Pakistan: An evaluation of its impact on institutional change[J]. Earth Systems and Environment, 2018, 2(3): 525-535.

[21] Ministry of Climate Change, Pakistan. National Climate Change Policy[R].2012.

[22] Sher H, Aldosari A. Strategic program for biodiversity and water resource

management and climate change adaptation in Pakistan; proceedings of the EGU General Assembly Conference Abstracts, 2014[C].

[23] Khan M A, Khan J A, Ali Z, et al. The challenge of climate change and policy response in Pakistan[J]. Environmental Earth Sciences, 2016, 75(5): 1-16.

[24] Zulfiqar F, Thapa G B. Agricultural sustainability assessment at provincial level in Pakistan[J]. Land Use Policy, 2017, 68: 492-502.

[25] Pakistan M. Astola Island-First Marine Protected Area in Pakistan[M]. by: Mangroves for the Future, Pakistan. 2018.

第8章 泰国生物多样性研究

　　泰国是东南亚生物多样性最丰富的国家之一，且保存有许多珍稀和特有的生物物种，是"一带一路"建设的重要参与国。随着共建"一带一路"的推进，以生物多样性保护为核心的生态环境安全逐渐成为一个全球性的问题，如何保障"一带一路"沿线国家和地区可持续发展并处理好"一带一路"倡议与生物多样性的矛盾，成为全球生物多样性保护的工作任务之一。

　　本章从生物多样性现状、生物多样性保护行动、实施爱知生物多样性目标的进展、执行《濒危野生动植物种国际贸易公约》情况、生物多样性保护面临的挑战与国际合作需求等方面分析了泰国生物多样性及其保护的情况，对于了解东南亚国家的生物多样性的养护和可持续利用提供了一个窗口，从而为在"一带一路"倡议下开展中泰两国的生态环保合作和制定双边、多边生物多样性相关政策提供依据。

　　总体而言，泰国存在多种类型的生态系统和高的动植物物种多样性，但仍存在生物资源被过度利用、保护资金短缺以及全球气候变化严重影响物种生存和生物资源的可持续利用等威胁，在开展生物多样性保护方面，实施了众多的政策、项目、计划、行动和措施，达到了部分的爱知目标，但生物多样性下降的总体趋势并未得到有效遏制。

8.1　自然地理概况

　　泰国位于北纬5°35′至20°25′、东经97°20′至105°40′之间[1]，地处亚洲中南半岛中南部，与柬埔寨、老挝、缅甸、马来西亚接壤，东南临泰国湾（太平洋），西南濒安达曼海（印度洋），西面和西北与缅甸接壤，东北与老挝交界，东南以柬埔寨为邻，疆域沿克拉地峡向南延伸至马来半岛，与马来西亚

相接 [2, 3]。

泰国从地形上划分为 4 个自然区域 [2]：北部山区丛林、中部平原的广阔稻田、东北部高原的半干旱农田，以及南部半岛的热带岛屿和较长的海岸线。

泰国气候属于热带季风气候 [2, 3]。全年分为热、雨、旱三季。年均气温 24～30℃。常年温度不下 18℃，平均年降水量约 1 000 mm。

农业是泰国的传统经济产业 [8]，全国可耕地面积约占国土面积的 41% [2]。主要作物有稻米、玉米、木薯、橡胶、甘蔗、绿豆、麻、烟草、咖啡豆、棉花、棕油、椰子等 [9]。

泰国海域辽阔，拥有约 2 700 km 海岸线 [10]，泰国湾和安达曼海是得天独厚的天然海洋渔场 [2]。

8.2 泰国的生物多样性现状

泰国是东南亚生物多样性最丰富的国家之一 [12, 13]，位于两个生物地理区域，即北部的印度—中国地区（Indo-Chinese Region）和南部的圣代地区（Sundaic Region）。

8.2.1 植物方面

据报道，泰国有约 11 000 种植物（目前正在研究和调查中，预计 2024 年完成），相当于世界植物种类的 3% 左右 [14]（表 8.2.1）。根据世界自然保护联盟（IUCN）的统计 [15]，2015 年泰国濒危植物物种中，受威胁植物物种有 964 种，其中包括 737 种脆弱物种、207 种濒危物种和 20 种极度濒危物种，占泰国植物物种分类总数的 8.76%。在野外有两种已经灭绝的物种，一种是单子叶植物天蓝色旺达（Vanda coerulescens Griff.），另一种是双子叶植物缅甸旺达（Amherstia nobilis Wall.）（表 8.2.2）。

表 8.2.1　泰国植物种类数 [14]

类别	科	种
蕨类植物	32	650
裸子植物	6	27
单子叶植物	53	3 045
双子叶植物	201	6 798
合计	292	10 520

此外，泰国不断发现新的植物物种，并在科学期刊上发表。2014—2018 年共发现植物新种 202 种，隶属 55 科 110 属（多属）（表 8.2.2）。

表 8.2.2　2015 年泰国植物物种保护现状评估 [14]

序号	状态	泰国植物物种保护现状评估				
		蕨类植物	裸子植物	单子叶植物	双子叶植物	合计
1	极度濒危	—	2		18	20
2	濒危	—	—	142	65	207
3	易危	15	7	275	440	737
	合计	15	9	417	523	964

8.2.2　动物方面

2016 年，泰国全国共有脊椎动物 4 731 种，较 2005 年增加了 123 种，共记录到 4 608 种 [14]。其中包括 345 种哺乳动物、1 012 种爬行动物、392 种两栖动物和 2 825 种鱼类。

2016 年，对 2 276 种脊椎动物的现状评估发现，569 种（12.03%）物种受到威胁，包括极度濒危、濒危和脆弱物种。其中包括 123 种哺乳动物、171 种鸟类、49 种爬行动物、18 种两栖动物和 208 种鱼类。与 2005 年的 549 个物种相比，数量增加了 20 种 [14]（表 8.2.3～表 8.2.5）。

表 8.2.3　泰国受威胁脊椎动物物种评估 [14]

脊椎动物	泰国物种数 / 种	现状评估 / 种	濒危物种 / 种	受威胁比例 /%	受威胁程度评估 /%
哺乳动物	345	345	123	35.65	35.65
鸟类	1 012	1 012	171	16.90	16.90
爬行动物	392	392	49	12.50	12.50
两栖动物	157	157	18	11.46	11.46
鱼类	2 825	370	208	7.36	56.22
合计	4 731	2 276	569	12.03	25.00

表 8.2.4　泰国受威胁脊椎动物物种的状况 ①[14]

脊椎动物	EX	EW	受威胁物种数				NT	LC	DD	合计
			CR	EN	VU	合计				
哺乳动物	4	—	17	40	66	123	30	157	31	345
鸟类	3	2	43	58	70	171	122	708	7	1 012
爬行动物	—	1	16	17	16	49	62	265	15	392
两栖动物	—	—	—	4	14	18	19	103	17	157
鱼类	1	1	26	66	116	208	59	—	101	370
合计	8	4	102	185	282	569	291	1 233	171	2 276

①注：现状包括已灭绝（EX）、野生已灭绝（EW）、极度濒危（CR）、濒危（EN）、脆弱（VU）、近受威胁（NT）、最不受关注（LC）和数据不足（DD）。

表 8.2.5　世界范围内泰国受威胁脊椎动物物种的比较 [14]

脊椎动物	世界物种数 / 种	泰国物种数 / 种	世界濒危物种数 / 种	泰国濒危物种数 / 种	泰国濒危物种占世界水平 /%	世界濒危物种占比 /%
哺乳动物	5 560	345	1 194	123	2.21	10.30
鸟类	11 121	1 012	1 460	171	1.53	11.71
爬行动物	10 450	392	1 090	49	0.46	4.49
两栖动物	7 635	157	2 067	18	0.23	0.87
鱼类	33 500	2 825	2 359	208	0.62	8.81
合计	68 266	4 731	8 170	569	0.83	6.96

8.2.3　生态系统方面

根据《生物多样性公约》，泰国有 7 类生态系统[14]。

（1）就森林生态系统而言，泰国的森林面积正在逐渐减少[16]。1973 年森林面积占国土面积的 43.21%，2017 年下降到 31.58%[14]。

（2）森林生态系统与山地生态系统有关[4]，山地生态系统生物多样性高，但脆弱且易退化，尤其是云雾林，容易受到环境变化的干扰。在泰国，山地面积占国土面积的 29.3%[4]。

（3）农业生态系统为泰国民众提供了粮食安全保障和收入来源[17, 18]。2017 年，泰国土地开发部报告称，2015—2016 年，农业用地占全国面积的比例为 55.42%。2008—2016 年，由于政府的政策，特别是橡胶、油棕和桉树 3 种主要经济作物的增加，农业用地面积呈增加趋势[14]。农业用地的增加对森林面积的减少有多种影响[19]。

（4）泰国的海洋和沿海生态系统[22, 23]位于该国东部和南部，包括红树林。2014 年，据泰国海洋和沿海资源部报告，红树林面积从 1961 年的 2 299 375 莱①减少到 2014 年的 1 534 584 莱[14]。2003 年自然资源与环境保护政策实施后，2004—2014 年红树林面积有所增加。海草总面积为 159 829 莱。2016 年，新发现海草面积为 430 莱。珊瑚礁的总面积为 148 954 莱。总体来说，安达曼海的珊瑚礁比泰国湾的珊瑚礁受损严重。

（5）岛屿生态系统。泰国湾和安达曼海岸[24]沿岸分布着 936 个岛屿。岛屿周围总长度为 3 724.32 km，总面积为 170 万莱。大部分地区为天然森林所覆盖。海中原油隧道泄漏造成的环境污染以及岛屿周围的海洋垃圾和海洋废弃物对这些岛屿造成了威胁。旅游业的发展也对土地利用的变化产生了影响。

（6）泰国内陆水生态系统，包括沼泽和沿洪泛区的季节性淹没森林，有 17 432 km² 或 1 090 万莱[14]。

（7）由于气候和土壤属性条件的影响，泰国东北部地区存在干燥和半湿润

---

① 莱是泰国普通使用的面积测度单位，1 莱 =1 600 m²。

的生态系统[14]。该地区有 6 500 万莱，占东北地区的 62%。该地区由不吸水的砂岩和沙质土壤组成。此外，土壤肥力较低，某些地区为盐碱地。

8.3 泰国生物多样性保护行动及进展情况

8.3.1 泰国执行《生物多样性综合管理总计划（2015—2021 年)》措施

泰国正在实施第四个《生物多样性综合管理总计划（2015—2021 年)》。总体规划于 2015 年 3 月 10 日经内阁批准，成为国家关于生物多样性的原则框架。

泰国为《2015—2021 年生物多样性综合管理总计划》制定了 11 项措施[14]：

（1）措施 1：加强对生物多样性的认识和教育

一些公共机构、教育机构、私营部门和非政府组织参与了与这些行动有关的活动或项目[27]。全国各地区的教育机构在使其能够参与提高公众对这些问题的认识方面发挥了更大的作用。

此外，《2017—2036 年国家教育计划》规定[14]，制定加强环境友好型生活的教育战略，并将生物多样性内容纳入 2008 年基础教育普通课程的科学和数学、地理和社会研究项目的学习标准和指标（2017 年版）。

（2）措施 2：整合和促进对生物多样性管理的参与

社区和社区组织网络为学习和研究地方知识做出了贡献。私营部门也积极采取行动，如石油公司采取制定生物多样性和生态系统服务管理标准。建立了几种金融机制来支持生物多样性行动，包括环境基金、"树木银行"、"生态系统服务付费"试点举措以及自然资本核算研究的成果[14]。

泰国还将生物多样性管理纳入多项国家政策、计划和措施[14]，包括《泰国 20 年国家战略（2018—2037）》《2017—2021 年第十二个国民经济和社会发展计划》《自然资源和环境部 20 年战略（2017—2036）》《促进和保护国家环境质量的政策和计划（2017—2036）》《环境质量管理计划（2017—2021）》《国家适应气候变化总体计划（2015—2050）》《国家海洋安全计划（2015—2021）》

（2017）、《皇家渔业条例》（2017）。此外，泰国还修订了一些法律和条例，如《国家保留林法》（2016）、《渔业法》（2015）和《皇家渔业条例》（2017）。

2018 年，泰国国家生物多样性保护和可持续利用委员会又任命了 3 个附属机构 [14]，旨在动员更多的集体力量，在各自的领域进行生物多样性管理。

在激励措施方面，泰王国政府批准了一项关于收入法的皇家法令，为支持社区森林对减缓气候变化的贡献的行动提供免税。

（3）措施 3：养护、恢复和保护生物多样性

在履行《生物多样性公约》第五次国家报告之后，泰国又建立了一个保护区。据报告，持续的保护工作有助于增加受威胁物种大象、古尔、貘、虎和豹的数量 [14, 28, 29]。在人工饲养成功后，之前已经灭绝的猿鹤被重新引入野外。

2017 年，泰国采用了有效管理跟踪工具（METT）来评估所有 14 个具有国际重要性的湿地（拉姆萨尔遗址）的管理成效 [14]。此外，基于生态系统的西部森林综合体管理将其活动范围扩大到 17 个保护区。

（4）措施 4：减少对生物多样性的威胁并促进生物多样性的可持续利用

社区参与若干地区的森林保护和恢复，促进森林生物多样性的可持续利用。此外，还修订了国家森林生物多样性工作方案，列入了关于促进可持续利用森林生物多样性的指导意见。

公共、私营和民间部门联合发表了一项宣言，"合作改善泰国湾的长尾金枪鱼捕捞，以实现该物种的可持续利用"。在淡水渔业方面，在全国 80 个地点放生了约 80 万条淡水鱼，以鼓励当地社区养护该物种。

随着国家生态旅游发展政策和指导方针的制定（1995—1996 年）和生态旅游行动计划的通过，可持续旅游业 [31] 得到了促进。

（5）措施 5：湿地管理

国家湿地管理机制是国家湿地管理委员会和湿地技术工作组，以及自然资源和环境部，后者被指定为湿地行动的主要负责机构。泰国还在省一级设立了湿地委员会，以支持当地的活动，并规定跨部门参与监督和实施这些活动。

泰国为保护具有国际和国家重要性的湿地和一般的湿地制定了措施。泰国的拉姆萨尔湿地[33]大多由公共机构监督。

2017 年沿海湿地的情况相对稳定。据报告[14]，这些湿地中发现的自然资源基本保持完好。但由于旅游活动，特别是水上运动，攀牙湾的湿地保护有待加强。

（6）措施 6：外来入侵物种的管理

泰国内阁于 2018 年 2 月 2 日批准了关于保护、控制和消除外来入侵物种的国家措施的修订案[14]。国家外来物种清单也进行了更新，目前包含 323 个物种，修订后的清单还包括关于控制和消除重点外来物种的指南。此外，泰国内阁还向公众提供了一本关于入侵植物物种的手册，为防止、控制和消除外来物种还制定了相应的措施。

（7）措施 7：生物安全

泰国已制定并修订了 7 项生物安全监管做法准则，以便在根据预防原则执行业务时将其作为规则加以应用。此外，泰国还努力执行关于现代生物技术中生物安全的新规则和条例，确保将其纳入《生物多样性法草案》。

（8）措施 8：保护遗传资源

主要由负有相关任务的公共机构执行[14]，重点是采取行动保护基因库和资源，并根据《名古屋议定书》促进获取和分享利益。

现行立法的范围尚未涵盖相关的传统和地方知识以及海洋和沿海生物多样性的组成部分[14]。泰国正在修订《专利法》[14, 35]，以适应披露遗传资源和相关传统知识来源的要求，同时正在修订其他相关法律和法规，包括促进和保护知识产权的法律和获取水稻遗传资源的法规。

（9）措施 9：生物经济的研究与发展

研究工作包括增加丝绸和兰花提取物等各种产品的价值，以及利用纳米技术提高草药衍生物的价值，并研究当地草药的工业应用。泰国不断努力发展社区企业，以保护和可持续利用生物多样性，同时制定标准和认证制度，使生物经济品牌化。此外，泰国还建立了以生物为基础的商业中心和以生物为基础的

经济机构 [14]。

（10）措施 10：知识和数据库的管理

公共部门和教育部门的机构都参与了清单和数据库的开发。这些清单和数据库包括生物资源总清单、生物资源及其相关的地方保护知识清单、泰国水域物种清单、病虫害和检疫植物数据库、泰国植物遗传资源数据库和草药植物数据库 [14]。

（11）措施 11：保存和保护与生物多样性有关的地方知识

泰国已努力开发和改进关于生物资源和相关传统知识 [36] 的数据库，将地方知识与农业创新联系起来，并开发关于传统医学草药植物的数据库。然而，被确定为与保护和可持续利用生物多样性有关的数据库尚未建立。根据马哈·查克里·诗琳通公主的倡议，泰国开展了植物遗传保护项目，鼓励当地社区收集和记录相关信息，并丰富当地资源数据库。

到目前为止，泰国已经完成了 6 个生物多样性数据库系统的某些研究和设计 [14]。它们分别是森林昆虫、森林微生物和真菌、植物、气候和植物生长、土壤、野生植物遗传学。

8.3.2　泰国执行《濒危野生动植物种国际贸易公约》情况

野生动植物国际贸易 [41] 是指出口、再出口、进口和从海上引进野生动植物或者其产品的活动。

泰国是野生动植物资源的主要出口国，并于 1983 年成为《濒危野生动植物种国际贸易公约》的缔约国 [38]。1992 年，泰国颁布了《野生动物保存和保护法》，以履行其《濒危野生动植物种国际贸易公约》的义务。该法要求进口、过境和出口野生动物必须获得许可证，并对受泰国法律保护的动物进行管理。据估计，泰国每年进入合法或非法国际贸易的灵长类至少有 4 万只、非洲象牙 9 万对、兰花 100 万株、观赏鸟 400 万只、爬行动物皮 1 000 万张、兽类毛皮 1 500 万张、热带鱼 3.5 亿条 [41]。

8.3.2.1 机构管辖权

泰国《野生动物保存和保护法》（1992）（WARPA）最初由农业部负责制定，2002 年泰国成立自然资源和环境部，由该部门负责制定《野生动物保存和保护法》。泰国还在《野生动物保存和保护法》[①]的基础上设立了跨部门的国家野生动物保存和保护委员会，以监督该法的实施。该委员会具有监督权，而不是执法权。

8.3.2.2 关于非本地物种贸易的《野生动物保存和保护法》规定

泰国《野生动物保存和保护法》明确保护 4 种本地长臂猿物种（大猩猩、猩猩、黑猩猩和长臂猿），并对这些物种的贸易进行管理。该法对本地物种和《濒危野生动植物种国际贸易公约》所列的物种的进出口进行监管。

泰国《野生动物保存和保护法》仅对 11 种列入《濒危野生动植物种国际贸易公约》的非本土脊椎动物进行管理。超过 1 000 种《濒危野生动植物种国际贸易公约》（CITES）所列的物种没有被列入《野生动物保存和保护法》。拥有《濒危野生动植物种国际贸易公约》所列、但在泰国未被列为保护物种的物种不受刑事处罚。

2015 年，泰国自然资源和环境部修订了 2003 年的《规定某些野生动物为受保护野生动物的部级条例》[②]，支持打击非洲象牙非法贸易。经修订的条例还保护一种本地龟类，即列入《濒危野生动植物种国际贸易公约》附录 II 的马来亚食螺龟（*Malayemys macrocephala*）。

[①] Ministerial Regulations that specify the responsibilities of the different departments in MoNRE include: Ministerial Regulation on the Official Organization Structure of Department of Forestry, 网址：http://portal.dnp.go.th/FileSystem/download/?uuid=4dadab5a-a189-4b55-bfb0-19b437c9fb2e.pdf; Ministry of Natural Resources and Environment B.E. 2551 (2008); Ministerial Regulation on the Official Organization Structure of Department of National Parks, Wildlife and Plant Conservation, Ministry of Natural Resources and Environment B.E. 2547 (2004); and Ministerial Regulation on the Official Organization Structure of the Department of Fisheries, Ministry of Agriculture and Cooperatives B.E. 2545 (2002). 网址：http://www.fisheries.go.th/management/c012545.pdf.

[②] Ministerial Regulation Prescribing Certain Wildlife as Protected Wildlife (No. 3) B.E. 2558 (2015). 网址：http://web.krisdika.go.th/data/law/law2/%ca04/%ca04-2b-2558-a0001.pdf.

2015 年的一项条例 ①(《规定申请和发放野生动物标本、尸体及其产品进口、出口或过境许可证的标准、程序和要求的部级条例》)规定，任何人想要进口、出口或转运任何《濒危野生动植物种国际贸易公约》所列的物种、其尸体和产品，都必须获得许可证，并规定了许可证发放程序和要求。

《野生动物保存和保护法》要求持有保存和受保护的野生动物、其尸体或由其制成的产品的许可证，但经许可的圈养繁殖和公共动物园除外。

《野生动物保存和保护法》规定，没收所有受保护的野生动物及其尸体、巢穴或违反该法获得或拥有的产品。该法还规定，所有保存的和被保存的东西，都要经过法院的批准。受保护的野生动物及其产品如果是非法获取的，必须没收，一旦没收，就属于国家所有。

《野生动物保存和保护法》管理公共动物园，并要求任何想经营公共动物园的人获得许可证。公共动物园必须有拥有受保护和受保护野生动物物种的许可证。公立动物园的经营者必须有一个额外的许可证，以繁殖受保护的物种。这些规定适用于《濒危野生动植物种国际贸易公约》所列的非本地脊椎动物物种，这些物种被列入《野生动物保存和保护法》的保护范围。

8.3.2.3 非法进口的举证责任

泰国《刑事诉讼法》第 227 条规定了无罪推定。该法还规定，当对被告是否犯了罪存在任何合理怀疑时，该法律给予被告无罪推定的权利。

然而，对《野生动物保存和保护法》的一项修正案有可能将举证责任转移到要求商人或其他任何拥有《濒危野生动植物种国际贸易公约》所列的非本地野生动植物的人证明他们是合法获得该野生动植物的。

8.3.2.4 遣返程序

2007 年，自然资源和环境部根据《濒危野生动植物种国际贸易公约》的要

---

① Ministerial Regulation prescribing criteria, procedures and requirements for applying and issuing of import, export or transit permit of wildlife specimens, carcasses and their products B.E.2558（2015）. 网址：http://web.krisdika.go.th/data/law/law2/%ca04/%ca04-2b-2558-a0002.pdf.

求，发布了一项关于遣返非本地野生动植物的条例^①（《国家公园、野生动植物保护部关于将野生动物送回原产地的规定》）。该条例规定，任何被没收的非本地野生动物的原产国必须支付从没收之日到遣返之日的野生动物维护费用，以及运输到原产国的费用。

根据该条例，部长有权允许免除费用。但该条例还明确规定，在非本土野生动物归属国家之前，泰国不能将其遣返；为此，适用《民商法》或《刑事诉讼法》的规定。2015 年，经国家野生动植物保存和保护委员会批准，国家公园、野生动植物保护部废除了 2007 年的条例，因为该条例在部长和局长具体规定维护和遣返相关费用的权力和允许豁免这些费用的权力之间产生了冲突。现在有两个条例管理野生动物的遣返，即农业和合作社部《关于处理林业犯罪纠纷财产的做法的条例》（1990）^②和林业部《关于管理归属国家的野生动物或其尸体的条例》（1997）^③。

8.3.2.5 用于管制 CITES 所列物种非法贸易的现行立法

（1）《民商法》

《民商法》专门对野生动物的所有权进行了规定^[41]。

• 在不违反与之相关的特殊法律法规的前提下，野生动物只要有自由，就没有主人。

• 动物园中的野生动物和池塘或其他封闭的私人水域中的鱼类并非无主。

• 被捕获的野生动物如果恢复自由，而主人又不及时追捕或放弃追捕，就会成为无主动物。

• 被驯养的动物如果放弃了返回的习惯，就会成为无主动物。

（2）《刑法》和《刑事诉讼法》

根据泰国《刑法》^[41]，与犯罪有关的任何财产都将被没收，无论其是否属于罪犯。归属国家的财产在法院做出最终裁决后，如果国家仍持有该财产，则

---

① Department of National Parks, Wildlife and Plant Conservation Regulation on Returning Wildlife to its Country of Origin, B.E. 2550（2007）. 网址：http：//www.dnp.go.th/MFCD3/inoffice2008/0911.7-5360.pdf.

② 网址：www.dnp9.com/dnp9/web1/file_editor/file/001/19.pdf.

③ 网址：http：//web3.dnp.go.th/wildlifenew/downloads/Regulation11.pdf.

可在一年内允许合法所有人提出要求。如果是已经归还的野生动物，所有者将无法重新提出要求。

《刑事诉讼法》赋予逮捕官员扣押所有可用作证据的物品（应包括野生动物）的权力，并在刑事案件最终裁决之前保留这些物品。

《刑事诉讼法》中关于证据的规则一般规定，所有物证必须提交法院。然而，在不能向法院提交物证的情况下，鉴于证据的性质，法院可酌情接受有关此类证据的报告，法院可接受报告以代替物证。例如，在实践中，当鸟类涉及违反《野生动物保存和保护法》时，国家公园、动植物保护部官员会立即将鸟类放回野外，并向法庭出示鸟类的照片。其他野生动物则被带到野生动物设施，并在被释放前进行健康检查。

（3）《货物进出口法》（1979）

根据《货物进出口法》，外贸部有权发布通知，控制货物的进出口。野生动物被认为是一种"货物"，外贸部可以禁止野生动物的进出口。该法对禁止出口的野生动物做了明确规定。

（4）《海关法》（1926）（2014 年修正）

海关总署署长是国家野生动植物保护委员会的成员。

《海关法》没有明确赋予野生动物官员权力[41]。在实践中，如果海关官员发现野生动物或尸体，可以使用海关的扣押权，并联系野生动物官员，根据《野生动物保存和保护法》采取行动。

（5）《打击参与跨国有组织犯罪法》（2013）

根据《野生动物保存和保护法》，对无证进口、出口或转运《濒危野生动植物种国际贸易公约》所列的任何物种的刑事处罚最高为 4 年监禁，这使其成为《打击参与跨国有组织犯罪法》下的严重罪行。如果犯罪者符合《打击参与跨国有组织犯罪法》关于从事跨国有组织犯罪的定义，那么《打击参与跨国有组织犯罪法》对非法野生动物贸易的处罚将比《野生动物保存和保护法》严重得多，这可能会使《打击参与跨国有组织犯罪法》的执法工作受到影响。

（6）《国家公园法》（1961）

1961 年《国家公园法》将"动物"定义为"各种动物，包括动物的所有部分和从中获得或生产的物品"。该法禁止下列涉及动物的行为 [41]：

- 把动物带出国家公园，做任何危害动物的事情。
- 携带武器和任何设备进入国家公园狩猎和诱捕动物。
- 对任何动物造成麻烦或滋扰。

国家公园、野生动物和植物保护部 2015 年的一项通知 ①（《关于禁止在国家公园内干扰、改变行为或伤害任何动物的通知》）适用于国家公园内的所有动物，包括水生动物，并不限于受保护的野生动物。该通知规定，任何人干扰、伤害动物或导致动物行为发生任何变化，都将根据《国家公园法》受到处罚。

《国家公园法》和 2015 年《关于禁止在国家公园内干扰、改变行为或伤害任何动物的通知》的规定可用于支持执行禁止在泰国受保护的 4 种长臂猿贸易的战俘保护法规定，如果这些动物是从国家公园中采集的。在从国家公园采集动物的具体情况下，这些规定可以作为监管泰国本土的任何其他《濒危野生动植物种国际贸易公约》所列的物种贸易的基础，但不会支持控制《濒危野生动植物种国际贸易公约》所列的非本土物种的非法贸易。

8.3.3 泰国实施爱知生物多样性目标的行动与进展

泰国在实现 2020 爱知生物多样性目标方面，取得积极进展 [14]。其中，泰国正在实现目标 1、目标 3、目标 6～8、目标 10～15、目标 17～20；目标 2（生物多样性的价值广泛纳入主流规划、政策和报告框架）、目标 4（可持续的生产和消费计划）、目标 5（生境的退化、损失和减少）、目标 9（防止和控制外来入侵物种）和目标 16（遗传资源获取与惠益分享）虽取得一定进展，但速度较缓慢。

泰国实施各项爱知生物多样性目标的进展及存在问题见表 8.3.1。

---

① Notification on Prohibiting Disturbing or Causing Change to Behavior or Harming Any Animals in National Parks, issued on 11 August 2015. 网址：http://web.krisdika.go.th/data/law/law2/%cd10/%cd10-2e-2558-a0005.pdf.

表 8.3.1 泰国实施爱知生物多样性目标的进展及存在的问题[14]

序号	"爱知目标"	目前的进展	存在的问题
1	目标 1：最迟到 2020 年，人们认识到生物多样性的价值，并知道采取何种措施来保护和可持续利用生物多样性	（1）建立普密拉、西里纳特·拉吉尼（Sirinart Rajini）红树林学习中心。 （2）在王室的赞助下，其他促进生物多样性保护和生态系统恢复的学习中心遍布全国各地。 （3）设立植物遗传保护项目。 （4）生物多样性已被纳入泰国教育部《基础教育法》（2008）的核心课程。 （5）定期发行纪录片、出版材料、书籍和电影。 （6）国家公园的游客中心、强调野生动物和植物的重要性	虽然开展了众多活动，但受经济利益驱动，生物多样性保护仍面临许多挑战，如资金短缺、动植物非法贸易等
2	目标 2：最迟到 2020 年，生物多样性的价值已被纳入国家和地方发展和扶贫战略及规划进程，并正在被酌情纳入国民经济核算体系和报告系统	（1）自第八个国民经济和社会发展计划（1997—2001 年）实施以来，生物多样性被纳入泰国国家规划进程。 （2）泰国《2017—2021 年国民经济和社会发展第十二个五年规划纲要》的目标是保护和恢复自然资源存量，增加红树林和商品林的面积，降低生物多样性丧失速度，解决公共用地侵占问题，特别是濒危和受威胁物种。 （3）泰国的生态系统估值是局部进行的，重点是生态系统的一些要素或稀有和濒危物种的估值。包括：社区参与资源保护、红树林生态系统、海草和海豚的经济价值估算和鲸鲨的经济价值估值；城市使用的内陆水域生态系统服务估值。 （4）"生态系统服务付费"（PES）的概念，已经在许多项目中得到应用	生物多样性的价值尚未被广泛纳入主流规划、政策和报告框架。从研究和科研种研究中获得的知识和经验，没有应用于实际案例

下篇 / "一带一路"特定国别生物多样性保护进展研究

续表

序号	"爱知目标"	目前的进展	存在的问题
3	目标3：最迟到2020年，消除、淘汰或改革危害生物多样性的鼓励措施（包括补贴），以尽量减少或避免消极影响，制定和执行有助于保护和可持续利用生物多样性的积极鼓励措施，并遵照《生物多样性公约》和其他相关国际义务，顾及国家社会经济条件	通过经济激励措施来促进生物多样性保护工作。从第一个到第五个《生物多样性综合管理总体规划》（2015—2021），都确定了激励措施。泰国制订相应激励计划。详情如下： （1）《2017—2021年国民经济和社会发展第十二个计划》。该计划旨在保护和恢复自然资源，并在保护和可持续利用之间建立平衡。该计划还旨在鼓励可持续消费和生产（SCP）。 （2）《2015—2021年生物多样性行动计划》。该计划的重点是促进和实施激励措施，以养护、恢复和可持续利用生物多样性，并消除对各级生物多样性产生不利影响的负面激励措施。 （3）《泰国20年国家战略（2018—2037）》。该战略的愿景之一是"生产和消费要对环境友好，并与国际社会环境负责，相互怜悯，并为更大的利益合作出牺牲"。 （4）《自然资源与环境部20年战略发展规划（2017—2036）》。该战略是提升和可持续发展自然资源和环境的战略，特别包含保护、恢复、提升和可持续发展自然资源和环境的战略，特别是加强生态友好型生产和消费战略	泰国的生物多样性保护工作面临重大的转型升级，特别是经济激励措施上消费习惯的改变以及可持续消费和生产的建立

续表

序号	"爱知目标"	目前的进展	存在的问题
4	目标 4: 最迟到 2020 年,所有级别的政府、商业和利益相关方都已采取措施,实现或执行了可持续的生产和消费计划,并将利用自然资源造成的影响控制在安全的生态限值范围内	"促进可持续消费和生产驱动的计划"是泰国 20 年可持续消费和生产发展的重点。该计划的重点是有效管理自然资源,同时平衡现有自然资源的承载能力、环境管理、污染预防,包括减少温室气体排放和适应气候变化的影响。此外,该计划还推动采取措施,确保健康生活,促进各年龄段所有人的福祉,保健康生活,促进各年龄段所有人的生源得到有效利用,并逐步建立一个自然资源与国家资源基础相平衡的社会资源得到有效利用,具有成本效益并与国家资源基础相平衡的社会	世界自然基金会—泰国 2018 年编制了一份关于"可持续消费和生产"的报告显示,样本消费者对可持续消费和生产(消费对环境的影响)的认识和理解相对较低。并指出泰国促进可持续消费和生产的 4 个主要障碍:(1)缺乏对可持续消费和生产的认识和理解(92%);(2)可持续生产过程产品成本高(88%);(3)有机产品缺乏多样性(81%);(4)政府对解决这一问题的关注度不够(78%)
5	目标 5: 到 2020 年,包括森林在内的所有自然生境的丧失速度至少降低一半,可能的话,降低至零;自然生境退化和破碎化程度显著降低	(1)泰国通过制订各种造林计划和金融机制,实现将森林面积从占土地面积的 31.6% 增加到 40% 的目标。为林区提供替代性收入手段,减少砍伐森林。(2)《大象象牙法》(2015)已被证明能有效控制非法象牙贸易。(3)自 2014 年以来,森林损失率有所放缓。2004—2014 年泰国的沿海地区再造林计划使红树林面积增加了 5.24%,恢复到健康状态	由于过度开发、过度放牧、非本地物种入侵和气候变化等原因,泰国本地生境不断退化、损失和减少,泰国经济的快速增长带来了环境挑战,包括空气和水的污染、生物多样性丧失、砍伐森林、流域退化和水土流失以及红树林、海草和珊瑚礁在内的沿海生境的丧失

续表

序号	"爱知目标"	目前的进展	存在的问题
6	目标6：到2020年，以可持续和合法的方式管理所有鱼群，无脊椎动物种群及水生植物，并采用基于生态系统的方式，避免过度捕捞，同时对所有枯竭物种制订了恢复的计划和措施，使渔业对受威胁鱼群和脆弱生态系统不产生有害影响，物种种群和生态系统的影响在安全的生态限值范围内	（1）泰国采用了以生态系统为基础的方法来可持续利用以及管理海洋和沿海资源。如制订《海洋和沿海资源可持续利用和管理五年计划（2016—2020年）》。 （2）泰国已采取措施管理水资源，包括水生动物和植物。制定措施，对海洋资源，淡水动物、淡水产卵、卵和幼虫进行可持续管理。禁止使用高性能淡水渔具，使淡水动物的数量增加。 （3）2018年4月3日，泰国内阁批准了泰国渔业发展路线图禁止非法、无管制和未报告的捕捞活动获取的水生动物和渔业产品。此外，成立非法、无管制和未报告的水生动物和渔业产品国家委员会合作为预防机制。 （4）泰国自2015年9月1日起开始实施港口国措施（Port State Measures, PSM）。任何进港船只如果不符合PSM要求或被列为非法、无管制和未报告的捕捞活动的船只，将被拒绝进港。泰国成立了一个机构间委员会，以加快泰国批准组织粮农组织港口措施协定（PSMA）的进程。新法律规定了严厉的惩罚和更高的罚款，该协议将对渔业部门的劳工／人口贩运产生威慑和消除作用	泰国目前仍存在非法、无管制和未报告的捕捞活动

续表

序号	"爱知目标"	目前的进展	存在的问题
7	目标 7: 到 2020 年，农业、水产养殖业及林业用地实现可持续管理，确保生物多样性得到保护	（1）最佳水产养殖合作伙伴（BAP）成为泰国第一个获得水产养殖管理委员会（ASC）认证的虾场。 （2）2017 年 4 月 11 日，泰国政府内阁批准了《2017—2021 年国家有机农业发展战略》，该五年战略旨在提高有机农业生产力，发展泰国的有机产品。 （3）泰国对 48 000 km² 的土地进行了土壤质量评估。以解决酸性、酸性硫酸盐和盐碱土的问题。 （4）2014 年，泰国启动了《森林资源保护和可持续管理总体规划》，目标是在 10 年内 "解决森林破坏、侵入公共土地和自然资源的可持续管理问题"。 （5）为了解决森林被侵占和破坏的问题，泰国实施了一项关于促进森林可持续发展的政策，指定了一个共同的比例尺（1∶4 000）来绘制国土图。 （6）努力确保农业用地的可持续管理，如采取积极行动，以种植替代物、畜牧业和水产养殖业取代产量较低的水稻种植，以及培养能够生产、加工和销售自己产品的智能农民	泰国吸须须继续执行全面改革方案，未确保保护和无管制的捕捞活动，并确保保护渔业和海产品以杜绝非法，加工部门的工人。 泰国现有的土地管理手段能够保证社会的效率和公平，但效果不佳。由土地使用和土地使用权引起的冲突日益增加。 泰国仍存在森林被侵占和破坏的问题

续表

序号	"爱知目标"	目前的进展	存在的问题
8	目标 8：到 2020 年，污染，包括养分过剩造成的污染被控制在不对生态系统功能和生物多样性构成危害的范围内	（1）泰国《国家环境质量促进和保护法》（1992）要求宣布污染控制区以及控制点源污染的标准。并要求建立国家污染控制委员会。 （2）制订了《促进和保护国家环境质量的 20 年长期政策和计划》（2017—2036 年）》，以及《20 年污染管理战略》《2017—2021 年污染管理计划》《2016—2021 年废物管理总体规划》。 （3）制订了《2017—2021 年曼谷及大都市空气和噪声污染行动计划》，以有效预防、控制和减少空气和噪声污染，完善污染治理体系和机制。 （4）在水污染方面，泰国制定了以下目标："到 2025 年，泰国将通过有效的管理，组织和法律制度，确保公平和可持续地利用其水资源，并适当考虑生活质量和所有利益攸关户提供充足的优质水。" （5）关于固体废物和危险废物的管理，鼓励和支持公共和私营组织以及公众减少废物。 （6）为了减少海洋污染，特别是塑料碎片的污染，泰国在国家环境委员会下设立了塑料废物管理小组委员会，并建立了公私伙伴关系。他们的任务是为塑料碎片管理开发财政和金融工具，促进和鼓励生态包装和塑料材料的生态友好型替代物，研究塑料容器的材料流和包装清单，最后，实施塑料材料及其替代物的 3Rs ［Reduction（减少）、Replacement（替代）、Refinement（优化）］	目前，泰国大部分地区的地表水质量状况良好，而流经大型社区的一些河流则状况不佳。由于缺乏综合的方法，再加上法律没有得到执行，能力薄弱，投资不足，运行维护系统不完善，使环境问题更加严重，私营部门参与度低，社区参与有限。

续表

序号	"爱知目标"	目前的进展	存在的问题
9	目标 9：到 2020 年，查明外来入侵物种及其入侵路径并确定其优先次序，优先物种得到控制或根除，并制定措施对入侵路径加以管理，以防止外来入侵物种的引进和种群建立	（1）在 2018 年 2 月 20 日的会议上，内阁已同意修改前内阁 1999 年 4 月 28 日的决议，并意识到迫切需要调整现有的保护、控制和消灭这些不良外来物种的措施，以及调整泰国容记控制的需要保护、控制和消灭的外来物种名单。 （2）2018 年 2 月 20 日，内阁已批准修改原内阁于 2009 年 4 月 28 日批准的《预防、控制和消灭外来入侵物种措施草案》，调整预防措施，根据自然资源和环境部的建议，控制和消灭泰国的外来入侵物种容记控制已经扩大到控制和销毁已经认定入侵物种名单种。预防措施已经扩大到关于关于外来物种的各种研究，制定已容记的外来物种的措施，并公布种。支持并公布了关于外来物种的各种研究，制定控制、销毁和／或利用某些外来物种的措施，并公布（植物、动物和微生物）。提高关于外来物种的知识，以提高认识、制定控制、销毁和／或利用某些外来物种管理知识先清单、制定控制、销毁和／或利用某些外来物种管理知识	在泰国，有 3 500 多个外来物种，而且不断有新的外来物种输入泰国。有些外来物种可以很好地定居和扩张，以至于在现有的栖息地内变成入侵者，这是对生物多样性的威胁，如果泰国没有任何管理系统及时保护和控制外来物种，将给其经济造成严重大损失
10	目标 10：到 2015 年，尽可能减少由气候变化或海洋酸化对珊瑚礁和其他脆弱生态系统的多重人为压力，维护它们的完整性和功能	（1）2014—2017 年，为应对气候变化的行动计划开展了相关培训，还将气候变化问题纳入地方和省一级的行动计划。 （2）在第二个项目（2018—2021 年）中，将扩大试点区域，也包括关注珊瑚漂白问题。根据《促进海洋和沿海资源管理法》（2015），已宣布禁止任何导致珊瑚漂白的活动，以期恢复珊瑚礁。 （3）2020 年，泰国制定了"国家适当缓解行动"与"一切照旧"目标的基本情况相比，能源和交通部分的"适合本国的缓解行动"目标为 7%～20%。 （4）《国家适应计划》行动计划草案正在编制中，它将成为国家一级适应气候变化活动的框架。目前，《国家适应计划》草案正在4 个试点省进行试点。适应气候变化方面的问题已纳入地方发展计划	泰国在诸多领域，如公共卫生、在区和人类安全、旅游等方面还未开展跨领域合作、整合，以便推动应对气候变化方面的行动

102

续表

序号	"爱知目标"	目前的进展	存在的问题
11	目标11：到2020年，至少有17%的陆地和内陆水域以及10%的沿海和海洋区域，尤其是对于生物多样性和生态系统服务具有特殊重要性的区域，通过有效而公平的管理、生态上有代表性的和连通性好的保护区系统和其他基于区域的有效保护措施得到保护，并被纳入更广泛的陆地景观和海洋景观	（1）保护区管理措施。泰国宣布11个府的8个地区为保护区，并宣布了这些地区的环境保护措施。在陆地和海洋保护方面，泰国在多个层面采取了举措。其中包括通过《2017—2021年国家公园综合总体规划》来实施，既增加了保护区，又扩大了保护区内的网络。截至2018年12月31日，全国共有154个国家公园公布132个，22个正在准备公布）。 （2）在有近乎灭绝物种栖息地的地区进行生产景观管理。在政府、私人、民间社会、国家和国际非营利组织等各部门的合作和支持下，以综合森林景观管理的形式进行。该管理计划采用了自然资源和环境管理和经济激励措施，国际法律激励措施。实施的结果是令人满意的，通过自然繁殖周期，一些物种的数量正在增加。 （3）森林走廊。宏观地区和相关地区的管理计划以与宏观地区管理计划下的保护区计划和其他部门挂钩，以保持生态系统的结构和作用。一些重要的实施模式如西部森林综合体、东哪延－考艾森林综合体、东部森林综合体（5个省的走廊）等。 （4）建立东盟遗产公园。泰国的国家公园和野生动物保护区已被确立为东盟遗产公园，包括考艾国家公园，Lam Nam Pachi野生动物保护区和Huay Kha Kang野生动物保护区为陆地遗产公园，沙敦府Chalermprakiat Thaiprachan国家公园、康克拉查恩－Kuiburi Tarutao国家公园，Tarutao岛国家公园为海洋遗产公园	泰国际保护区外的许多地区由于没有法律保护，自然容易受到人类活动的到破坏，或者生态系统可能遭不良影响。此外，对于一些地区严重的环境问题，目前没有有效的控制和解决方法

103

续表

序号	"爱知目标"	目前的进展	存在的问题
12	目标 12: 到 2020 年,防止了已知受威胁物种的灭绝,且其保护状况,尤其是其中减少最严重的物种的保护状况得到改善和维持	2016 年,泰国实施了象牙工作计划,并将工作时限扩大到 2017 年 9 月 30 日。制定了象牙的管理制度,由国内管理部门每月持续对注册的象牙店进行监控,监督和执法。在泰国为官员和执法人员举办了控制象牙贸易的培训研讨会,为旅行社、导游提供知识,让他们对如何控制象牙贸易产生认识,并开展宣传活动。除此之外,还邀请运营商参加谅解备忘录,承诺成为保护大象和野生动物的合作伙伴和榜样。泰国的立场是停止支持象牙产品和贸易,并加入野生援助组织的无象牙运动。 为 2018—2027 财政年度毗邻 5 个省的走廊上的野生大象制订了一项管理计划。对野生大象进行监测和控制,并对其栖息地进行管理、知识的推广,野象威胁预警网络的建立、社区预防和减少负面影响的工作促进了和谐共处的工作。 泰国还参立了东盟野生动物执法网络,以照顾和控制动植物种国际贸易。并进出泰国以及根据《濒危野生动植物种国际贸易公约》开展了执行工作	泰国野生动物和野生植物的现状表明,自然界中仍有不少野生动物物种群。然而,与此同时,人们发现有几种野生动物的数量在不断减少。 影响野生动物和野生植物种群的最大威胁因素包括偷猎和面积的减少。其他因素包括非法野生动物贸易,这导致了野生动物和植物种群数量的减少。一些物种在泰国几乎绝迹,或在自然栖息地几乎绝迹

续表

序号	"爱知目标"	目前的进展	存在的问题
13	目标13：到2020年，保持了栽培植物、养殖和驯养动物及野生近缘物种，以及其他社会经济和文化上宝贵的物种的遗传多样性，同时制定并执行了减少遗传侵蚀和保护其遗传多样性的战略	泰国制定了《2017—2021年泰国药材发展国家总体规划》。该计划涵盖了泰国草药从源头一直到产业链末端的发展，通过社区推广经济林、管理经济林中草药的利用方案，以保护泰国森林中的草药植物和当地使用草药的知识。建立了一个地方遗传知识数据库，以保护泰国植物种子和植物的地方基因库。此外，完善和审查了《动物繁殖发展法》《生物多样性公约》对动物物种的保护和发展做出反应。除此之外，保护濒临灭绝的地方动物的遗传多样性，对当地公牛、白兰本牛、东北和南部地区白牛、班登牛、巴厘牛、野牛、当地山羊、当地木板、黑白疣鼻栖鸭、当地 Pak Nam 鸭、Nakhon Pathom 鸭、当地鹅和鸡等12种动物的遗传多样性进行了保护，并已完成当地物种遗传库的建设。对泰国当地动物的状况进行了研究，以支持可持续利用的做法	泰国的生物多样性状况受各种因素的威胁，这些因素包括土地使用的变化、外来物种的入侵，对资源的利用超出其自然恢复能力，气候变化和污染。研究发现，在50年的时间里，超过6 900万亩的森林被破坏，7个物种从自然栖息地消失，3个物种灭绝。在泰国易受威胁的类型包括脊椎动物。在泰国的1 009种鸟类中，有167种或17%受到威胁。在泰国有369种157种两栖动物中，有18种受到威胁，占两栖动物的11%；在369种爬行动物中，有49种（13%）受到威胁，泰国有344种哺乳动物，其中120种（34%）处于受威胁状态

105

续表

序号	"爱知目标"	目前的进展	存在的问题
14	目标 14：到 2020 年，提供重要生态系统服务（包括与水相关的服务）以及有助于健康、生计和福祉的生态系统得到了恢复和保障，同时顾及了妇女、土著和地方社区以及贫穷和弱势群体的需要	（1）相关机构根据政府重视增加森林面积的优先事项开展工作，以实现《1985 年国家森林政策》《2017—2021 年国民经济和社会发展第十二个计划》和《国家自然资源和环境改革计划》中确定的政策目标。（2）《25 个流域森林和生态系统恢复与保护总体规划》的实施有了进展，对林区进行了调查，建立了林区数据库，明确了林区边界，并制定了林区周围的缓冲区。（3）有关机构通过整合合作，重点解决海岸侵蚀问题，解决泥滩海岸侵蚀，制订了保护和解决泥滩自然规律，不对周边地区产生副作用的工作计划和沙滩地区的海岸侵蚀问题的工作计划	森林火灾是泰国森林退化和影响森林面积减少的主要原因之一，扰乱了生态系统的平衡，影响植物群落、土壤、水、动物和其他生命形式。沿海地区的发展给红树林地区带来了变化，因为出于各种目的的改变了土地用途。这在多个方面对红树林生态系统造成了不良影响。此外，对红树林地区的侵占和破坏还造成了海岸侵蚀

续表

序号	"爱知目标"	目前的进展	存在的问题
15	目标15：到2020年，通过养护和恢复行动以及生态系统的复原力以及生物多样性对碳储存的贡献得到加强，包括恢复了至少15%退化的生态系统，从而有助于减缓和适应气候变化及防止荒漠化	（1）泰国负责相关行动的机构实施了内陆水生态系统、农业生态系统和森林生态系统行动，并纳入《湿地公约》《生物多样性公约》和《气候变化公约》。采取了2种措施可解决湿地的问题：1）非建设型措施；2）建设型措施。 （2）海洋和沿海资源部开展了提高泰国生态系统灵活性和可持续性的行动，以提高生态系统的灵活性和可持续性。为防止和减少气候变化的影响，制订了一些计划。 （3）对红树林生态系统的碳储量进行了评估。对通过光合作用和呼吸过程释放和吸收温室气体的动态进行了评估。它监测和调查可持续发展部遵循《气候变化公约》的框架。 （4）畜牧业发展部遵循《气候变化公约》的环境保护措施。畜牧业发展部必须制定措施，以便在气候发生变化时，接受来自外贸和投资的环境保护措施，能影响外贸和投资的负面影响	需要进一步支持恢复生态系统和当地自然生境的损失，包括： （1）促进、落实森林保护和恢复的信念，减少各地自然资源的损失； （2）预算支持——每个项目都必须有预算支持； （3）国际合作项目，为某些特定领域需招聘专家和顾问，组织特别活动，以提高保护、养护和恢复当地自然资源的信念或意识； （4）请当地社区对侵占森林的行为进行监督、控制和制止； （5）需要技术援助、数据和信息交流，作为获取所需知识的手段，以便制定措施，控制和管理现有资源，以便以可持续的方式最大限度地使用； （6）为各种类型的活动提供充足的人员支持——需要某些特定领域的专家和专门知识，以提高当地人民保护其当地资源的能力

续表

序号	"爱知目标"	目前的进展	存在的问题
16	目标16：到2015年，《生物多样性公约关于获取遗传资源和公正公平分享其利用所产生的惠益的名古屋议定书》已经根据国家立法生效并实施	2012年1月24日，在批准签署《名古屋议定书》后，内阁准备对相关机构或组织进行修订，以确保其与议定书保持一致，并应确保各种机构和所有法律部门对议定书的理解。2013—2016年，对以下法案和法律进行了审查，以确定其是否符合《名古屋议定书》指定的行动，包括《植物品种保护法》（1999）和《保护和促进泰国传统医药知识法》（1999）。国家生物多样性保护和可持续利用委员会关于获取和分享利益的条例的国家机构，以确保所有责任各种生态和智能的国家机构。该业务还希望与《名古屋议定书》要求的授权机构建立误解，支持他们作为监督获取遗传资源分享的机构开展工作。在2017—2018年，自然资源和环境部部长授权将《生物多样性法》草案作为利用保护和恢复生物多样性、获取和分享利益、社区参与、生物安全等各个层面都有分项规定，与《名古屋议定书》一致，以审查泰国批准法律草案提交内阁审查情况。在所有程序存有准备就绪后，然后再提交议会，并提交《名古屋议定书》	目前，泰国尚未批准《生物多样性公约关于获取遗传资源和公正公平分享其利用所产生的惠益的名古屋议定书》
17	目标17：到2015年，各缔约方已经制定、作为政策工具通过和开始执行了一项有效、参与性的最新国家生物多样性战略与行动计划	2012年9月4日，泰国内阁授权自然资源和环境部、国民经济和社会发展委员会办公室、自然资源和环境规划办公室、预算局、国生物多样性经济发展办公室，包括其他相关机构、委员会和部门，以审议、审查和整合生物多样性计划。自然资源政策与环境政策和规划办公室制定了《2015—2021年生物多样性战略规划》和《2011—2020年生物多样性管理综合规划》，以响应根据《2011—2020年生物多样性战略计划》和"爱知目标"制定的全球目标	泰国的所有部门都参与制订了一系列生物多样性行动计划，这些计划多数已经得到内阁的批准，但目前仍缺乏有效的跨部门协调机制确保这些计划得到全面有效执行

续表

序号	"爱知目标"	目前的进展	存在的问题
18	目标18：到2020年，与生物多样性保护和可持续利用有关的土著和地方社区的传统知识、创新和做法以及他们对生物资源的习惯性利用得到尊重，并纳入和反映到《公约》的执行中，这些应与国家立法和国际义务相一致并由土著和地方社区在各级层次充分和有效的参与	（1）泰国利用知识体系和传统智慧，为发挥生物资源的复制效应提供了支持。Sakhon Nakhon的靛蓝棉布代表了祖先们的布艺造型，具有很高的精致度。随后，"THITHA"品牌出现，其产品在东来均受到热烈欢迎。 （2）泰国保护本土知识的措施包括为管理泰国传统医药和利用草药植物而进行的改革，如制定立法和指导草药品种的鉴定，以便正式列入关于干草药产品和保护及促进传统医药的法案。 （3）国家部门还支持传播知识和信息机构，并通过项目分享地方知识。知识和智慧4.0项目，这是一个国家网站，旨在收集和传播数据和信息，以便更多地了解生物多样性。 （4）还采用地理标志（GI）来促进农业和文化认同，以保护相关的土著知识。通过各部门之间的综合合作，努力提高地理标志产品的市场价值，制定产品推广指南。 （5）在分享生态系统和生物多样性管理方面的知识和经验方面，当地社区的一些代表一直在为《生物多样性公约》国际论坛提供数据和信息以及保护和利用生物多样性方面的经验。 （6）为解决农民缺乏土地所有权以及相关权益有权利的情况下获得土地，制定了指导意见，使低收入农民能够在没有权利的情况下获得土地。在采取这种行动的同时，还努力促进与土地能力相适应的工作，并防止进一步侵占任何形式的国有土地。此外，对发现个人拥有任何林区土地的公民进行检查；根据相关法律和内阁决定，国家将对其拥有情况进行认证	在追求经济和社会发展的情况下，自然资源被过度利用和获取，加剧了生物多样性保护的危机

109

续表

序号	"爱知目标"	目前的进展	存在的问题
19	目标19: 到2020年,已经提高,广泛分享和转让并应用了与生物多样性及其价值、功能、状况和变化趋势以及其丧失可能带来的后果有关的知识、科学基础和技术	30多年来,泰国一直为其他发展中国家提供"南南合作"。除此以外,泰国还在与各国合作方面提供了其他来源的伙伴关系发展合作,由各国共同负责所付支出。这些合作是通过日本、法国、德国以及开发署、人口基金和儿童基金会下属的国际组织进行的。泰国作为东盟生物多样性中心的成员,与新加坡植物园园达成协议,在项目下组织机构和开展行动。自然资源与环境政策和规划办公室与参与"低碳城市和可持续环境城市"项目的各市镇合作,要求将新加坡生物多样性指数作为保护和恢复城市环境项目中的城市和树木发展的指导方针,并根据《生物多样性公约》的目标实现最高效率。 泰国自然资源与环境政策和规划机构的生物多样性数据和信息的机制,将其他发展和扩大其生物多样性数据库联系起来。通过这样做,泰国正在发展和扩大其生物多样性数据库,这数据库将用于界定和制订其政策和行动计划,以及管理泰国的生物多样性计划和战略。 泰国还通过东盟生物多样性中心和《生物多样性公约》的行动,与东盟其他国家分享数据。 除在曼谷主办第10届会议外,泰国还担任了第11届和第12届会议的科技咨询的咨询委员会成员。在曼谷举行的咨询委员会第十届会议上,泰国代表被选为多学科专家小组的一名专家	泰国还没有形成"南南合作"的多年行动计划

续表

序号	"爱知目标"	目前的进展	存在的问题
20	目标 20: 最迟到 2020 年,依照"资源调集战略"商定的进程,用于有效执行《战略计划》而从各种渠道筹集的财务资源将较目前水平有大幅提高	根据《国家环境质量促进和保护法》(1992)泰国设立了环境基金。1992—1995 年,共收到 89.68 亿泰铢的资金。该基金每年的收入来自银行利息、贷款利息和地方政府分期归还的款项。 泰国根据《生物多样性公约》伙伴第十三次大会的第 XII/3 号决定点编制了财务报告,在财务报告文件中可以看到生物多样性保护、恢复和可持续利用预算中详细列出的支出数字。这些支出是按项目给出的:生物多样性融资倡议(BIOFIN)。 除此以外,泰国已开始确定战略,为在项目目下执行《生物多样性公约》调动财政资源:生物多样性融资倡议项目。 迄今为止,泰国一直在泰国公共、私人和民间社会生物多样性支出的 BIOFIN 项目目下获得财政支持。 2016 年,泰国主办了"CLMTV 森林合作伙伴对话区域研讨会",这是为来自柬埔寨、老挝、缅甸、泰国和越南的林业高管举办的意见交流论坛。这些国家都有共同的边界线,希望照顾和帮助增加邻国的森林,以减少全球变暖效应	泰国的生物多样性保护资金缺口较大,许多行动计划的实施目前面临资金"瓶颈",需要进一步扩大保护资金的来源和合理分配现有资金

8.4 泰国生物多样性保护面临的挑战与国际合作的需求与分析

8.4.1 泰国生物多样性保护面临的挑战

人类活动、气候变化、环境污染、生物入侵、动植物疫病、砍伐森林、滥用农药、过度捕捞、非法走私等对泰国的生物多样性产生了越来越显著的影响 [38, 41, 44-47]。此外，泰国的生物多样性保护和管理还面临一些其他挑战或障碍 [37, 39, 40, 48, 49]：

（1）由于缺乏职业激励，开展生物多样性行动的机构的人力资源有限。

（2）一些地区的生物多样性管理知识没有得到充分汇编和 / 或充分融入其他组织。只有在公共机构拥有适当信息的社区才会开展提高认识的行动。

（3）发现地方行政组织和公众没有充分了解地方生物多样性行动的资金来源，也并未要求其所在地区的公共机构对其行动进行监督。

（4）需要采取行动，使不同地区之间能够交流关于生物多样性管理的知识及经验教训。

（5）关于生物多样性的信息和知识仍然以技术为导向，一般公众并不容易理解，不利于生物多样性知识的推广。

（6）以经济为导向的发展政策对生物多样性造成危害，如外来物种入侵等。

（7）关于保护的计划、程序和措施的制定往往没有得到执行者的反馈，导致计划、程序和措施的执行不切实际，效果不佳。

（8）各机构之间在保护和恢复生物多样性方面的努力仍然缺乏整合。

（9）需要建立模型，以确保林地的扩大与其他土地利用相一致。

（10）支持关于增值举措的农业研究和发展生物多样性的创新，作为生物经济的推动力。

（11）湿地的重要性在空间发展的各个方面都没有得到充分的介绍和 / 或强调。

（12）湿地边界的不确定性。

（13）清点和制定不同生态系统中外来入侵物种的管理措施。

（14）建立通报外来物种信息的通信渠道和网络，以及识别外来入侵物种的简单工具。

（15）物种识别有时是相当困难的，因此，人们不会准确地知道某物是否是外来物种。

（16）没有为执行生物安全措施划拨一致的国家预算，对生物安全普遍缺乏关注。

（17）缺乏对当地人的保护管理和利益分享。例如，当地需要参与珊瑚礁的旅游业务，以便为当地社区提供收入并确保当地对珊瑚礁的保护。

（18）缺乏在保护区内开展适当的旅游活动的措施，包括区域划分和公众使用保护区的标准。

（19）在建设开发基于生物多样性的产品的能力方面，人们发现公共机构往往向对额外能力需求较小的群体提供支持，而应努力将其转向需要这种能力的其他潜在生产者。

（20）信息不兼容，缺乏一个共同的数据管理系统，导致数据收集和获取的系统多种多样，难以利用这些信息进行研究和经济发展。

（21）大多数研究都没有提供和 / 或采用其潜在的应用，导致在生物多样性的可持续利用规划方面缺乏技术支持。

（22）知识和数据库的管理方面没有得到国家预算的一贯支持。

（23）据报告，当地知识只有在其来源，包括其保管网络向有关公共机构提供时才会被收集。大量的知识仍然没有记录，也不存在，而研究部门和非政府组织方面掌握的知识信息获取和 / 或联系机制仍然缺乏。

8.4.2　泰国生物多样性保护国际合作的需求与分析

泰国拥有丰富而独特的生物多样性，通过加强双多边的国际交流与合作，学习借鉴其他国家好的生物多样性管护经验，共同应对生物多样性遇到的全球性挑战。

未来，泰国具体的国际合作需求主要有以下几点 [4, 13, 14, 21, 34, 44, 45, 50, 51]：

（1）在打击野生动植物犯罪方面，积极参加国际或区域联合执法行动，扩大国际执法合作范围领域。

（2）建立广泛的双多边合作交流机制。积极参与建立"一带一路"绿色发展等多边合作机制，合作打造"一带一路"绿色发展等合作平台。

（3）深化"南南合作"。在绿色经济、国际环境公约履约等领域开展一系列提高发展中国家环境管理能力的项目和活动，并针对生态系统管理、可持续基础设施建设、生物多样性保护等议题进行交流与合作。

（4）推进 2020 年后全球生物多样性治理。期待世界各国在公开、透明等原则基础上，充分讨论和磋商，相向而行，扩大共识，推进更加公正合理、各尽所能的 2020 年后全球生物多样性治理。

（5）促进可持续发展。通过合作，积极探索生物多样性保护与减贫协同推进举措，同时扎实推动农业、林业等领域生物多样性可持续利用并强化海洋资源和水生生物资源可持续利用。

（6）加强生物多样性相关基础能力建设。通过持续推进生物多样性数据监测、研究和整理工作、大力开展遗传资源保护设施建设以及提升外来入侵物种防控能力等方面的国际合作，加强生物多样性相关基础能力建设。

（7）创新金融制度，为生物多样性保护提供资金保障。借鉴国际经验，构建政府主导、企业主体、社会组织和公众共同参与的绿色金融责任体系，引导和激励更多社会资本投入生物多样性保护与管理中。

8.5　与泰国开展生物多样性合作的对策建议

8.5.1　气候变化领域

生物多样性的可持续发展对人类的健康和生命安全至关重要。受全球气候变化以及剧烈人类活动的影响，洪旱灾害、水资源短缺和水质性缺水、生态系统功能障碍、沿海湿地消失等问题尤为突出，对生物多样性产生了深远的影响。中泰是亲密友好邻邦[52]，两国应充分利用两国资源，协同国际机构和非政府组织，建立支持亚洲区域可持续发展的联合研究平台、实验室和合作网络，并通过以下措施，为解决区域资源与环境管理和可持续发展问题提供科学认知和政策建议[50, 53-56]。

（1）合力促进中泰科技交流合作与资源共享，增强创新能力，为中泰两国培养一批青年科技人才，提升两国生物多样性科学研究的国际影响力。

（2）在可持续发展框架下，共同应对气候变化，通过提高能效、节能、发展可再生能源、植树造林等措施，控制温室气体排放，增强发展的可持续性。

（3）从清洁能源转型和/或能源贸易的经济影响入手，找到扩大与中国对话的机会，开展中泰在液化天然气、风能、核能等气候与清洁能源领域方面的合作。

（4）采取更加有力的政策和措施，携手中国制定并实施泰国本国碳排放达峰行动方案，落实强有力的控制二氧化碳排放目标，主动适应气候变化，推动低碳技术创新应用，推进经济社会发展绿色转型。

（5）与中国一同参与制定并实施鼓励绿色发展的贸易政策，引导公众自觉选择节约环保、低碳排放的消费模式，找到一种既符合保护气候要求，又有利于提高经济效率的发展模式。

8.5.2 其他领域

中国的"一带一路"倡议与东南亚国家息息相关，泰国作为东南亚国家之一，是"一带一路"的重要组成部分。以生物多样性保护为核心的生态环境安全是东南亚非传统安全问题研究中的重要议题之一。中国和东南亚的越南、老挝、柬埔寨、泰国、缅甸、马来西亚等都是全球生物多样性丰富的国家，是遗传资源重要提供国，有共同和接近的利益与立场。因此，中泰两国在生物多样性方面应加强沟通和理解，共同积极构建非传统安全问题的新型区域合作机制。

协同推进"一带一路"生态保护与 SDG2030 目标实现。中泰两国还可以通过采取以下举措来推动泰国在生物多样性保护方面的工作取得实效 [40, 55, 57-59]：

（1）设立中泰生物多样性保护专项基金

围绕自然保护区、天然林保护、自然生态保护、生物及物种资源保护、外来物种管理、森林资源管理、野生动植物保护、湿地保护、降低捕捞强度、海洋环境保护与监测等生态环保领域，设立中泰生物多样性保护专项基金，以便稳定中泰生物多样性双边合作的经费支持，并通过支持开展相关项目建设，提升双方在生物多样性管理、监测、科研方面的能力。

（2）探索中泰生态环保产业"走出去"和"引进来"合作模式

结合中泰两国在"一带一路"建设中的功能定位，充分发挥双方区位优势，以生态环保技术和产业国际合作为载体，共同搭建生态环保"走出去"和"引进来"的平台并开展务实合作，大力探索两国生态环保产业"走出去"和"引进来"模式。

（3）加强顶层设计，完善国别研究

生物多样性涉及领域广、问题多，是一个复杂的系统工程。中泰两国应组织生态环保领域专家、外交专家和国际合作专家，加强对生物多样性双边合作的顶层设计和国别重点或突出生态环保问题的研究，设计好生物多样性双边合作的战略框架、技术路线并对一些重大问题，在顶层设计、规划纲要编制过程中要深入研究、科学论证。

（4）重视能力建设，推动中泰技术交流与合作

针对生物多样性数据监测、研究和整理、遗传资源保护设施建设以及外来入侵物种防控等课题，面向中泰两国开展双边交流培训活动，推进双边环境信息共享，提高两国环保意识和环境管理水平，为双边环保能力建设以及绿色经济发展提供支撑。

参考文献

[1] Clarke J E, Biodiversity and Protected Areas Thailand[R]. 2015.

[2] 360 百科 . 泰国 [EB/OL][2021-05-13]. https://baike.so.com/doc/2252374-2383103. html.

[3] 中华人民共和国外交部 . 泰国国家概况 [EB/OL][2021-05-13]. https://www.fmprc. gov.cn/web/gjhdq_676201/gj_676203/yz_676205/1206_676932/1206x0_676934/.

[4] Rundel P W, Boonpragob K. Dry forest ecosystems of Thailand[J]. Seasonally dry tropical forests, 1995: 93-123.

[5] Sudtongkong C, Webb E L. Outcomes of state-vs. community-based mangrove management in southern Thailand[J]. Ecology and Society, 2008, 13 (2): 1-24.

[6] 地之图 . 泰国行政区划图 [EB/OL][2021-05-13]. http://map.ps123.net/world/ 7967.html.

[7] Shawe D R. Geology and mineral deposits of Thailand [M]. Citeseer, 1984: 171-174.

[8] Kasem S, Thapa G B. Sustainable development policies and achievements in the context of the agriculture sector in Thailand[J]. Sustainable Development, 2012, 20 (2): 98-114.

[9] Rengsirikul K, Ishii Y, Kangvansaichol K, et al. Effects of inter-cutting interval on biomass yield, growth components and chemical composition of napiergrass (Pennisetum purpureum Schumach) cultivars as bioenergy crops in Thailand[J]. Grassland Science, 2011, 57 (3): 135-141.

[10] Siripong A. Detect the coastline changes in Thailand by remote sensing[J]. International Archives of the Photogrammetry, Remote Sensing and Spatial Information Science, 2010, 38 (Part 8): 992-996.

[11] Jayawardena A, Mahanama S. Meso-scale hydrological modeling: Application to Mekong and Chao Phraya basins[J]. Journal of Hydrologic Engineering, 2002,

7 (1): 12-26.

[12] Ashton P S. Thailand: biodiversity center for the tropics of Indo-Burma[J]. J Sci Soc Thailand, 1990, 16: 107-116.

[13] Baimai V. Biodiversity in Thailand[J]. The Journal of the Royal Institute of Thailand, 2010, 2: 107-114.

[14] Office of Natural Resources and Environment Policy and Planning, Ministry of Natural Resources and Environment of Thailand, Thailand's Sixth National Report on the Implementation of the Convention on Biological Diversity[R]. 2019.

[15] IUCN. IUCN Red List of Threatened Species 2015[EB/OL][2020-05-13]. https://www.iucnredlist.org/.

[16] Hirsch P. Forests, forest reserve, and forest land in Thailand[J]. Geographical Journal, 1990: 166-174.

[17] Conway G R. Agroecosystem analysis[J]. Agricultural Administration, 1985, 20 (1): 31-55.

[18] Trelo-Ges V, Limpinuntana V, Patanothai A. Nutrient Balances and the Sustainability of Sugarcane Fields in a Mini-Watershed Agroecosystem of Northeast Thailand[J]. Japanese Journal of Southeast Asian Studies, 2004, 41 (4): 473-490.

[19] Wilk J, Andersson L, Plermkamon V. Hydrological impacts of forest conversion to agriculture in a large river basin in northeast Thailand[J]. Hydrological Processes, 2001, 15 (14): 2729-2748.

[20] Wijitkosum S. Impacts of land use changes on soil erosion in Pa Deng sub-district, adjacent area of Kaeng Krachan National Park, Thailand[J]. Soil and Water Research, 2012, 7 (1): 10-17.

[21] Suksri P. Sustainable Agriculture in Thailand[J]. School of Business and Commerce, Keio University, 2008: 7-8.

[22] Hockings M, Shadie P, Suksawang S. Evaluating the management effectiveness

of Thailand's marine and coastal protected areas. IUCN-WCPA, Bangkok, Thailand [R], 2012.

[23] Lunn K E, Dearden P. Fishers' needs in marine protected area zoning: a case study from Thailand[J]. Coastal Management, 2006, 34 (2): 183-198.

[24] Pongponrat K. Participatory management process in local tourism development: A case study on fisherman village on Samui Island, Thailand[J]. Asia Pacific Journal of Tourism Research, 2011, 16 (1): 57-73.

[25] Revenga C. Status and trends of biodiversity of inland water ecosystems, F, 2003 [C]. Secretariat of the Convention on Biological Diversity.

[26] Perfilieva Y V. Rational environmental management on the example of the Kingdom of Thailand; proceedings of the IOP Conference Series: Earth and Environmental Science, F, 2021 [C]. IOP Publishing.

[27] Ratanapojnard S. Community-oriented biodiversity environmental education: Its effect on knowledge, values, and behavior among rural fifth-and sixth-grade students in northeastern Thailand [M]. Yale University, 2001.

[28] Stiles D. The elephant and ivory trade in Thailand [M]. TRAFFIC Southeast Asia Petaling Jaya, Malaysia, 2009.

[29] Simcharoen A, Simcharoen S, Duangchantrasiri S, et al. Tiger and leopard diets in western Thailand: Evidence for overlap and potential consequences[J]. Food Webs, 2018, 15: 1-22.

[30] Leksakundilok A. Community participation in ecotourism development in Thailand[M]. 2004: 89-91.

[31] Shamsub H. Enhancing sustainable tourism in Thailand: a policy perspective [M]. Sustainable production consumption systems. Springer. 2009: 211-235.

[32] Yolthantham T. Water quality monitoring and water quality situation in Thailand[J]. Oral Presentation Proceedings, 2008: 112-121.

[33] Trisurat Y. Community-based wetland management in northern Thailand[J].

International Journal of Environmental, Cultural, Economic and Social Sustainability, 2006, 2 (1): 49-62.

[34] Banpot N. Management of Invasive Alien Species in Thailand[J]. Pacific Science, 2002, 14: 1-11.

[35] Kaosa-ard M S. Patent Issues in Thailand[J]. Thailand Development Research Institute Quarterly, 1991, 6 (3): 13-15.

[36] Thathong S. Rethink Strategies in Legal Protection of Traditional Knowledge-A Case Study of Thailand[J]. Journal of Thai Justice System, 2009, 2 (2): 97-117.

[37] Bennett N J, Dearden P. Why local people do not support conservation: Community perceptions of marine protected area livelihood impacts, governance and management in Thailand[J]. Marine policy, 2014, 44: 107-116.

[38] Nijman V, Shepherd C R. Trade in non-native, CITES-listed, wildlife in Asia, as exemplified by the trade in freshwater turtles and tortoises (Chelonidae) in Thailand[J]. Contributions to Zoology, 2007, 76 (3): 207-211.

[39] Von Rintelen K, Arida E, Häuser C. A review of biodiversity-related issues and challenges in megadiverse Indonesia and other Southeast Asian countries[J]. Research Ideas and Outcomes, 2017, 3: 1-16.

[40] Coleman J L, Ascher J S, Bickford D, et al. Top 100 research questions for biodiversity conservation in Southeast Asia[J]. Biological Conservation, 2019, 234: 211-220.

[41] Patricia M, Chanokporn P & Claire A. Beastall, CITES Implementation in Thailand: a review of the legal regime governing the trade in great apes and gibbons and other CITES-listed species[R]. Malaysia: TRAFFIC, 2016.

[42] Pearce D, Perrings C. Biodiversity conservation and economic development: local and global dimensions [M]. Biodiversity conservation. Springer. 1995: 23-40.

[43] Barrett C B, Travis A J, Dasgupta P. On biodiversity conservation and poverty

traps[J]. Proceedings of the National Academy of Sciences, 2011, 108 (34): 13907–13912.

[44] Cheevaporn V, Menasveta P. Water pollution and habitat degradation in the Gulf of Thailand[J]. Marine Pollution Bulletin, 2003, 47 (1–6): 43–51.

[45] Ping X. Environmental problems and green lifestyles in Thailand. Unpublished manuscript, Assumption University, Thailand Retrieved from http://www nanzan–u acjp/English/aseaccu/venue/pdf/2011_05 pdf [J]. 2011.

[46] Chaichana R, Jongphadungkiet S. Assessment of the invasive catfish Pterygoplichthys pardalis (Castelnau, 1855) in Thailand: ecological impacts and biological control alternatives[J]. Tropical Zoology, 2012, 25 (4): 173–182.

[47] Andriesse E, Kittitornkool J, Saguin K, et al. Can fishing communities escape marginalisation? Comparing overfishing, environmental pressures and adaptation in Thailand and the Philippines[J]. Asia Pacific Viewpoint, 2021, 62 (1): 72–85.

[48] Sodhi N S, Posa M R C, Lee T M, et al. The state and conservation of Southeast Asian biodiversity[J]. Biodiversity and Conservation, 2010, 19 (2): 317–328.

[49] Friess D A, Thompson B S, Brown B, et al. Policy challenges and approaches for the conservation of mangrove forests in Southeast Asia[J]. Conservation Biology, 2016, 30 (5): 933–949.

[50] Marks D. Climate change and Thailand: Impact and response[J]. Contemporary Southeast Asia: a Journal of International and Strategic Affairs, 2011, 33 (2): 229–258.

[51] Thitiprasert W. Implementation of CITES for Flora in Thailand[J]. Thai Agricultural Research Journal, 1999, 17 (3): 326–326.

[52] Wong J. Thailand's Relations with China [M]. The Political Economy of China's Changing Relations with Southeast Asia. Springer. 1984: 150–182.

[53] Lohmeng A, Sudasna K, Tondee T. State of the art of green building standards and certification system development in Thailand[J]. Energy Procedia, 2017, 138:

417-422.

[54] 杨明, 周桔, 曾艳, 等. 我国生物多样性保护的主要进展及工作建议 [J]. 中国科学院院刊, 2021, 36 (4): 399-408.

[55] Min H, Aizhu Z. Cooperation in the South China Sea Under International Law[J]. China Int'l Stud, 2014, 44: 88.

[56] Tanatvanit S, Limmeechokchai B, Chungpaibulpatana S. Sustainable energy development strategies: implications of energy demand management and renewable energy in Thailand[J]. Renewable and Sustainable Energy Reviews, 2003, 7 (5): 367-395.

[57] Fan P-F, Yang L, Liu Y, et al. Build up conservation research capacity in China for biodiversity governance[J]. Nature Ecology & Evolution, 2020, 4 (9): 1162-1167.

[58] Boonratana, R. (2009). An Assessment and Evaluation of Community-based Tourism's Contribution to Sustainable Lifestyles and Local Socioeconomic Development [M]. Nakhon Pathom: Mahidol University International College, 2009.

[59] Laverack G, Thangphet S. Building community capacity for locally managed ecotourism in Northern Thailand[J]. Community Development Journal, 2009, 44 (2): 172-185.

[60] Ascensão F, Fahrig L, Clevenger A P, et al. Environmental challenges for the Belt and Road Initiative[J]. Nature Sustainability, 2018, 1 (5): 206-209.

[61] Lechner A M, Chan F K S, Campos-Arceiz A. Biodiversity conservation should be a core value of China's Belt and Road Initiative[J]. Nature Ecology & Evolution, 2018, 2 (3): 408-409.

[62] Hughes A C. Understanding and minimizing environmental impacts of the Belt and Road Initiative[J]. Conservation Biology, 2019, 33 (4): 883-894.

[63] Kokanuch A. Readiness of trade business and border trade entrepreneurs to green economy: Thailand[J]. International Journal of Business and Administrative

Studies, 2018, 4 (2): 60-67.

[64] 孟宏虎, 高晓阳. "一带一路" 上的全球生物多样性与保护 [J]. 中国科学院院刊, 2019, 34 (7): 818-826.

[65] Oldekop J, Holmes G, Harris W, et al. A global assessment of the social and conservation outcomes of protected areas[J]. Conservation Biology, 2016, 30 (1): 133-141.

[66] Nghiem L, Soliman T, Yeo D, et al. Economic and Environmental Impacts of Harmful Non-Indigenous Species in Species[J]. National Library of Medicine, 2013, 9 (8): 125-128.

[67] 王玉庆. 生物多样性保护和国际合作 [J]. 世界环境, 1998, 3: 43-71.

[68] Forsyth T. Enhancing climate technology transfer through greater public-private cooperation: Lessons from Thailand and the Philippines; proceedings of the Natural Resources Forum, F, 2005 [C]. Wiley Online Library.